半导体量子点掺杂的光纤

张蕾 李帅 著

U0352580

北 京

冶 金 工 业 出 版 社

2021

内 容 提 要

本书利用胶体化学法合成 PbSe 量子点并进行表征，将其灌装到空芯光纤中制作成量子点掺杂的液芯光纤，实验上得到光纤末端出射光谱性质（峰值强度和峰值位置）随不同光纤参数、溶剂、温度等的变化；同时，建立理论模型，通过 Matlab 软件模拟，得到光纤发光性质随光纤参数、量子点材料本身特征参数和温度的变化。书中研究了多激子态的产生及超短脉冲激发对于光纤中光学增益的理论影响。分别以具有更高稳定性的 PbSe/CdSe 量子点、更大斯托克斯位移及更长荧光寿命的 CuInS$_2$/ZnS 量子点作为光纤掺杂剂，提高了光纤发光强度。

本书在光纤通信、光纤放大器、光纤传感器的研制方面具有一定的指导意义，为其提供了理论指导和实验依据，可供从事相关研究的科研工作者参考。

图书在版编目（CIP）数据

半导体量子点掺杂的光纤/张蕾，李帅著 . —北京：冶金工业出版社，2021. 1

ISBN 978-7-5024-8706-5

Ⅰ.①半… Ⅱ.①张… ②李… Ⅲ.①光导纤维—研究 Ⅳ.①TQ432

中国版本图书馆 CIP 数据核字（2021）第 022701 号

出 版 人 苏长永
地　　 址 北京市东城区嵩祝院北巷 39 号　邮编　100009　电话　(010)64027926
网　　 址 www.cnmip.com.cn　电子信箱　yjcbs@ cnmip. com. cn
责任编辑 夏小雪　美术编辑　彭子赫　版式设计　禹　蕊
责任校对 郑　娟　责任印制　禹　蕊
ISBN 978-7-5024-8706-5
冶金工业出版社出版发行；各地新华书店经销；三河市双峰印刷装订有限公司印刷
2021 年 1 月第 1 版，2021 年 1 月第 1 次印刷
169mm×239mm；12.5 印张；210 千字；188 页
75. 00 元

冶金工业出版社　投稿电话　(010)64027932　投稿信箱　tougao@cnmip. com. cn
冶金工业出版社营销中心　电话　(010)64044283　传真　(010)64027893
冶金工业出版社天猫旗舰店　yjgycbs. tmall. com
（本书如有印装质量问题，本社营销中心负责退换）

前　言

　　掺杂稀土离子的光纤放大器的研究目前已经获得了很好的研究成果。尽管掺杂稀土离子的光纤放大器具有较高的增益和饱和输出功率、较低的噪声和较小的连接损耗等优点，但是天然元素辐射和吸收光谱的波长和波段是固有和无法改变的，而解决这个问题的一个很好的方法就是将稀土离子换成窄带隙量子点材料，从而实现发光波长可调谐。虽然量子点材料的荧光寿命短于稀土离子（以 PbSe 量子点为例，大约为 250ns），但是其对激发光和信号光的吸收和辐射截面却是稀土离子的 10^5 倍左右，这就为量子点材料成为新一代的光纤放大器的掺杂物质提供了理论依据。另外，也有研究表明量子点材料可以成为光学增益介质而且具有独特的性质，比如较宽的光学增益谱、较低的噪声和较高的饱和输出功率等。此外，在毛细管内灌装液体，形成的传播性质良好的液体光波导形成液芯光纤，在对光的吸收以及荧光光谱的产生方面具有普通光纤所不能比拟的巨大优势。因此，将合成好的量子点材料溶于有机溶剂制作成量子点液芯光纤产生光的放大是一项有意义的研究工作。

　　在众多的量子点材料中，PbSe 量子点由于具有较大的激子玻尔半径（大约是 46nm）、较强的量子限域效应和较宽的辐射范围等优异性质，而获得越来越多的关注。另外，与 PbSe 量子点相比较，$CuInS_2/ZnS$ 量子点由于具有更大的斯托克斯位移和更长的荧光寿命，并且绿色无毒，使得其成为另一种良好的光纤掺杂剂。影响量子点掺杂光纤发光性质的主要因素是光纤中的再吸收效应，再吸收效应的大小一方面取决于光纤长度、光纤直径、量子点直径、量子点掺杂浓度、泵浦功率、温度等光纤参数；另一方面在很大程度上也取决于量子点材料本身的一些特征参数，例如材料的荧光寿命、斯托克斯位移、吸收-发射截面和光谱的半高宽等。

基于以上情况，本书将胶体量子点和空心光纤结合起来，成功制备了量子点掺杂的液芯光纤，同时研究量子点荧光在光纤中传导后的输出光谱特性，包括在光纤参数以及外界温度变化情况下的光谱特征；理论上建立了模型，利用 Matlab 数值模拟方法得到与实验数据相一致的结果，这为实验结果提供了一定的理论支持；还研究了光纤中光学增益的性质，以及光纤发光性质受上述光纤参数和量子点材料本身特征参数影响的情况。这些研究在光纤通信、光纤放大器以及光纤传感器的研制方面具有一定的应用前景。

本书共分为 12 章。第 1 章主要介绍半导体量子点、光纤以及量子点掺杂光纤的基本概念、研究意义、研究现状以及在各个领域的应用。第 2 章主要介绍与后续研究内容密切相关的量子点和光纤的基本理论，其中包括量子点的发光原理，能级结构，禁带宽度的计算，相关参数的说明，光纤传输理论，自发辐射、受激辐射理论等。第 3 章主要讨论胶体量子点的合成与光学性质表征的问题。首先重点讨论量子点的合成过程和主要需要的实验条件，然后介绍胶体量子点的光学性质的表征方法。合成了不同尺寸的 PbSe 和 $CuInS_2/ZnS$ 量子点，测量其吸收光谱，得到第一激子吸收峰峰位、吸收强度、半峰宽、光致发光光谱、量子产额等参数，并用 TEM、XRD 进行表征。第 4 章通过三能级系统近似，利用速率方程和光功率传输方程建立了 PbSe 量子点掺杂光纤的理论模型。计算在不同光纤参数影响下的光谱特征，包括光纤长度、光纤直径、量子点掺杂浓度和泵浦功率。在模拟计算中考虑了多种因素的影响，例如非辐射的俄歇复合、量子点的发光效率、光纤的模式泄漏等；并将理论结果与法国 Hreibi 小组的实验结果进行对比，数据符合得很好，证明了理论模型的实用性。第 5 章开展对 $1.55\mu m$ 通信窗口的量子点液芯光纤的实验研究。为此选用尺寸为 4.5nm 的 PbSe 量子点，将合成好的 PbSe

量子点溶液灌装到空芯光纤中，封装好；设计实验方案并搭建光路，测试在不同光纤参数影响下的光纤输出光谱；另外，对比分别以甲苯和四氯乙烯为溶剂做成的液芯光纤的发光光谱的性质，详细分析实验结果的原因；最后进行理论模拟并与实验结果对比。第6章重点考虑了与泵浦功率、泵浦频率和泵浦波长相关的非辐射俄歇复合寿命 τ_{NR}，并将其加入三能级系统下的粒子数分布方程中。通过求解光功率传播方程和速率方程模拟光纤的发光强度和光学增益，观察到一系列有趣的现象，并进行了分析讨论。第7章研究了 PbSe 量子点掺杂光纤的综合的尺寸效应，这些尺寸包括光纤长度、光纤直径、量子点直径、量子点掺杂数量，最终得到了这些尺寸参数相互制约、共同影响光纤发光性质的结论。第8章研究了 PbSe 量子点掺杂光纤的受激辐射和光学增益，通过采用超短脉冲激发，在多激子态下，观察到了受激辐射的产生，得到了较高的光学增益。第9章分别从实验和理论方面讨论 PbSe 量子点液芯光纤的温度效应，包括对峰值位置和峰值强度的研究，并详细分析了实验现象产生的原因。这项研究在光纤温度传感器的研制方面具有一定的应用价值。第10章主要研究了利用 PbSe/CdSe 核壳型量子点材料作为光纤掺杂剂时，其对于量子点掺杂光纤的发光波长和发光强度的影响，并与普通的 PbSe 量子点材料进行了比较。PbSe/CdSe 核壳型量子点材料是使得光纤发光更强更好的光纤掺杂剂。在此基础上，研究了 PbSe/CdSe 量子点掺杂光纤的综合尺寸效应以及非辐射的俄歇复合效应。第11章主要研究了利用 $CuInS_2$/ZnS 核壳型量子点材料作为光纤掺杂剂时，其对于量子点掺杂光纤的发光波长和发光强度的影响。研究了光纤长度、掺杂浓度以及泵浦功率变化情况下的光纤发射光谱，并与 PbSe 量子点材料进行了比较。第12章研究了量子点材料一些特征参数对量子点光纤发光的影响，包括荧光寿命、斯托克斯位移、吸收-发射截面以及光谱的半峰宽等对 PbSe 量子点光纤和 $CuInS_2$/ZnS 量子点光纤发光性质的影响，对比了以上参数对两种量子点光纤发光影响程度的大小，进一步与实验数据进行了对比分析。

　　本书由牡丹江师范学院张蕾和李帅共同撰写。其中，第 3~12 章由张蕾撰写，其余部分由李帅撰写，全书最后由张蕾和李帅共同统稿。本书的研究工作得到了国家自然科学基金（61604065）、黑龙江省自然科学基金（QC2016007）和黑龙江省高等学校青年创新人才项目（UNPYSCT-2017197）的资助，同时也得到了学校以及家人的帮助和支持，在此表示真挚的感谢。本书部分内容参考了有关的研究成果，都已在参考文献中列出，在此一并致谢！

　　由于作者水平有限，虽几经修改，书中不可避免会有疏漏，望广大读者不吝赐教！

作　者

于 2020 年 8 月

目　　录

1 绪 论

1.1 光纤技术及其发展

随着科学技术的不断发展，光导纤维现已在通信、电子和电力等领域广泛应用，成为大有前途的新型基础材料，与之相伴的光纤技术也以新奇、便捷赢得人们的青睐，对其的科学研究更是备受关注。其最具有代表性的应用是光纤通信、光纤放大器和光纤传感器等几个方面。

1.1.1 光纤通信

1966 年，高锟博士发表了论文《光频率的介质纤维表面波导》，使得长距离、大容量光通信得以实现，其被誉为"光通信之父"。光纤通信就是利用光波作为载波来传送信息，而以光纤作为传输介质实现信息传输，达到通信目的的一种最新通信技术。光纤通信与以往的电气通信相比有很多优点：传输频带宽、传输损耗低、通信容量大、中继距离长、绝缘、抗电磁干扰性能强、抗腐蚀能力强、抗辐射能力强、保密性强等，可在特殊环境或军事上使用。目前，光纤通信已经成为通信网的主要传输方式，光纤通信网几乎已经遍布全球。

在通信领域中，光纤通信的两个窗口分别为 1300nm 和 1550nm。半导体量子点的带隙是尺寸依赖的，以 PbSe 量子点为例，其可调谐的波长范围是 1100~2200nm，完全满足通信窗口的需要。因此，研究人员将 PbSe 量子点应用在光纤通信中，制作量子点掺杂的液芯光纤并应用于光纤通信。

1.1.2 光纤放大器

光纤放大器一般包括两种：一种是稀土掺杂的光纤放大器，另一种是非线性光纤放大器。非线性光纤放大器又分为光纤拉曼放大器和光纤布里渊放大器。其中稀土掺杂的光纤放大器由于其增益高、噪声低、泵浦效率高、工作稳定性好等优点而受到更为广泛的关注。例如掺铒光纤放大器，最早出现于 20 世纪 80 年代中期，是由南安普敦大学的 Mears、D. Payne 等人制成的；之后他们又制造出工作波长为 1540nm 的放大器，并获得了 25dB 的小信号增益。2002 年，Deiss 等人设计了由前级掺铒光纤放大器和后级铒/镱共掺双包层光纤放大器组成的放大系统，实现了带宽 30dB 的带宽输出。另外还有掺铥、镨、钕等的光纤放大器也都取得了一定的研究成果。

但是，稀土元素辐射和吸收光谱波长的不可调谐性限制了它的应用，因此，研究人员将研究热点转向了量子点材料。虽然量子点材料的荧光寿命短于稀土离子（以 PbSe 量子点为例，大约为 250ns），但是其对激发光和信号光的吸收和辐射截面却是稀土离子的 10^5 倍左右，这就为量子点材料成为新一代的光纤放大器的掺杂物质提供了理论依据。另外，也有研究表明量子点材料可以成为光学增益介质而且具有独特的性质，比如较宽的光学增益谱、较低的噪声和较高的饱和输出功率等。

1.1.3   光纤传感器

光纤传感器的工作原理是将来自光源的光经光纤送入调制器，待测参数与进入调制器的光发生相互作用后，其光学性质（如光的强度、波长、频率、相位、偏振态等）发生变化，称为被调制的信号光，再经过光纤送入光探测器，经解调后获得被测参数。光纤传感器可用于位移、振动、转动、压力、弯曲、速度、加速度、电流、磁场、电压、湿度、温度、浓度、pH 值等物理量的测量。光纤传感器的应用范围非常广，几乎覆盖了国民经济和国防所有的重要领域和人们的日常生活，不仅如此，还可以安全有效地在恶劣环境中使用，具有很大的市场需求。

将量子点材料应用于光纤传感器，可以利用两方面的优势：一是量子点材料的禁带宽度随外界环境的变化；二是量子点掺杂的光纤的纤芯和包层折射率随着外界环境的变化。进而可以利用其发光的波长和强度随着外界的变化来检测环境，例如温度、压力、电流、磁场等。

1.2   液芯光纤

1.2.1   液芯光纤的发展

光纤（Optical Fiber，OF）是在 20 世纪 70 年代问世的。光纤是光导纤维的简称，是一种介质圆柱光波导。光纤作为一种新型的光波传输介质，由于具有优良的物理、化学和机械等性能，在现代光通信和光传感发展中具有举足轻重的地位，并在工农业生产、科学研究、国防安全和空间技术等领域得到了广泛应用。各种新型光纤的不断出现，为光纤的科学研究和技术应用开辟了更加广泛的领域。石英光纤是常规光纤的代表，其主要成分是二氧化硅（SiO_2），由纤芯、包层和涂覆层组成。光纤纤芯的折射率较高，包层折射率略低于纤芯的折射率。涂覆层为环氧树脂、硅橡胶等高分子材料，涂覆层的目的在于增强光纤的柔韧性。一般，光纤可分为两大类：一类是通信用光纤，另一类是非通信用光纤。前者主要用于各种光纤通信系统之中，后者在光纤传感、光纤信号处理、光纤测量以及各种常规光学系统中广为应用。根据横截面上折射率的径向分布特征，光纤可以大致分为阶跃型和渐变型（亦称梯度型）两类。根据光纤中的模式数目可分为单模光纤（SMF）和多模光纤（MMF）。根据传输的偏振态，单模光纤又可进一步分为偏振保持光纤（保偏光纤）和非偏振保持光纤（非保偏光纤）。保偏光纤（PMF）又可再分为单偏振光纤、高双折射光纤、低双折射光纤和圆保偏光纤四种。

光纤根据材料及结构可分为[1]：

（1）石英光纤。即通信用光纤，通常在其中掺杂锗、五氧化二磷或氧化硼以形成必要的折射率差来进行光传导。

（2）双芯光纤。即由两个纤芯组成的光纤，两个纤芯对外界的物理敏感性不一致，可用于弯曲、二维应力或位移的感测。

（3）红外光纤。其特点是可传输大功率光能，可透过近红外（$1\sim5\mu m$）或中红外（约 $10\mu m$）的光波。红外光纤可分为玻璃红外光纤、晶体红外光纤和空芯红外光纤。一般而言，制造前两类光纤有一定困难。

（4）有源光纤。利用具有增益的激活材料制作纤芯，在外光源泵浦下可输出激光或对外来微弱光信号进行直接光放大。这种有源光纤可用于激光传感器的设计与研制，如环形腔和 F-P 腔激光器，其精细度高达 300。

（5）增敏光纤。通过增强光纤的磷光、电光或温度效应，使光纤的特征参数对外界参量（如磁场、电流、温度、压力、转速等）的敏感性增强，从而构成各种灵敏的光纤传感系统。

（6）液芯光纤。在光纤芯中充入某种特殊液体制成的光纤，其芯径较粗。该光纤适用于对结构体材料的内部裂痕及断裂的监测。

（7）微结构光纤。亦称多孔光纤或光子晶体光纤，是近年来兴起的一种新型硅玻璃光纤，具有二维周期性微孔阵列。通过特殊的几何结构设计，可以形成光子禁带。改变微孔阵列排布、填充介质或注入特种流体，可以极大地改变其传输性质。光子晶体光纤可用于新型通信或光子器件的研制（如激光器、放大器，气体、液体传感器，多维参数感测等），是一种很有前途的特种光纤。

另外，还有发光光纤、聚合物光纤、双包层光纤等。本书使用的光纤为阶跃折射率型液芯多模光纤。20世纪70年代，美国贝尔实验室就开始了对液芯光波导的相关研究[2]，从而掀起了对于液芯光波导的研究热潮，甚至有人提出了将液芯光纤作为下一代的通信光纤[3,4]。之后，随着研究的深入，液芯光纤的制备方法也日趋成熟并得到了进一步的发展。与在较粗的石英槽中灌入液体的制作方式不同的是，研究人员们尝试在带有微孔的毛细管内灌装液体以形成传播性质良好的液体光波导，这才真正成为液芯光纤。液芯光纤与普通光纤相比，有着不可比拟的优点[2,5]。研究发现，首先，液芯光纤中的受激喇曼效应和自发喇曼效应是液体样品中的1000倍[2]。其次，因为液体对于周围环境的敏感程度要比固体强得多，所以液芯光纤成了许多光学传感器中所不可或缺的主要材料[6~15]。再次，在液体的吸收以及荧光光谱的产生方面也具有普通光纤所不能比拟的巨大优势[16,17]。更为重要的是，液体极高的非线性效应是很多研究中极为关注的，尤其是非线性光学的研究[18~21]。以上种种优势，使得液芯光纤成为又一个研究热点[22]。

1.2.2　液芯光纤的应用

目前，液芯光纤已经成功应用到医学治疗、测量技术、传感技术以及装饰行业等领域。不同的液体体系可以传输不同波长的激光能量，如 Er∶YAG、Er∶YSGG、Nd∶YAG 等，这类激光可以用于外科、妇科、眼科等医疗中，在紫外（380nn）到红外（6μm）范围内透过率很高，所以利用石英外壳填充 CCl_4 液体，制作的液芯光纤可以传输 Er∶YAG 激光；利用液芯光纤可以制作成高灵敏度的光谱仪，用来对物质进行定量分析，拉曼光谱的缺点是光强小、信号弱、不易测量，但是将测量物质溶于溶剂后充入空心光纤，适当增加液芯光纤的长度，可以提高泵浦光的转换效率，使拉曼光强提高 10^3 倍，如果与共振拉曼光谱效应结合可以提高拉曼光谱 10^9 倍，光强信号增强，可使测量精度大大提高。此外，液芯光纤还可以用于温度的传感，测量精度可以达到 $\Delta T =$ $10^{-4}℃$，1983 年英国的 A. H. Hartoy 首次制成了液芯光纤分布式温度传感器；液芯光纤还可以应用于照明、装饰和广告装演领域中，常规的光纤应尽量减小损耗，不泄漏光，而此种液芯光纤却增加某种散射，侧面泄漏光，从而发光。通常的做法是，在液芯光纤中添加一些散射物质，如珠光粉、玻璃粉、荧光剂等，另一方法是增加空芯光纤内壁缺陷、粗糙度和不均匀性。该种液芯光纤是绿色光源，节能，可以连续变色，可以用来代替霓虹灯，还可以用于杀菌、消毒等。

1.3 量子点材料

当体相材料的尺寸逐渐减小到一临界程度（如电子波函数的波长，光致发光激子的直径等）时，其固有的特性也会随之发生改变。当半导体在三个维度的尺寸都在 100nm 以下的时候，半导体中的载流子（如电子、空穴）会在全空间范围受到较大的限制作用，其性质将完全不同于体相材料，这种材料被称为量子点。量子点（Quantum Dots，QDs）亦称纳米晶，是指尺寸在 1~100nm 的半导体晶粒，是继量子阱、量子线后的一种新的低维量子结构。一个量子点可以包含数百到数万个原子，外形大多数呈现球形，也有些呈现其他形状。量子点材料一般涉及 Si 和 Ge 半导体，Ⅱ-Ⅵ、Ⅲ-Ⅴ、Ⅳ-Ⅵ族半导体，氧化物半导体材料等。表 1.1 所列为常见的各族半导体材料。图 1.1 所示为体材料、量子点和小分子溶液的对比[23]。

表 1.1 各族半导体材料

Ⅱ-Ⅵ	CdS、CdSe、CdTe、ZnO、ZnS、ZnSe、ZnTe、HgS、HgSe、HgTe
Ⅲ-Ⅴ	GaAs、InGaAs、InP、InAs
Ⅳ-Ⅵ	PbS、PbSe、PbTe

1.3.1 量子点材料的性质

由于量子点材料的尺寸很小，跟电子的德布罗意波长和激子的玻尔半径在一个量级，所以量子点中的激子会受到比较强的限制作用，电子运动的局域性和相干性增强，导致其表现出一系列不同于体材料的性质。比如，量子限域效应、量子尺寸效应、量子表面效应等。

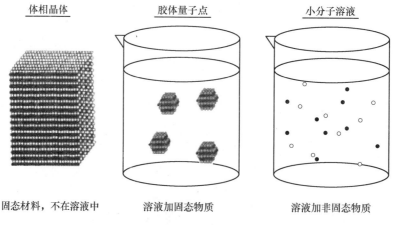

体相晶体　　　　　　　　胶体量子点　　　　　　　　小分子溶液

固态材料，不在溶液中　　　溶液加固态物质　　　　溶液加非固态物质

图 1.1　体相晶体、胶体量子点和小分子溶液对比[23]

（1）量子尺寸效应。当量子点的尺寸接近于或小于激子玻尔半径时，载流子的运动将受到空间的限制，从而能量发生量子化。我们把处于费米能级附近的电子能级由准连续的能级变为分立能级的现象[24]、量子点材料存在最高占据分子轨道和最低未占据分子轨道的现象和能级加宽的现象叫做量子尺寸效应。具体表现在量子点具有分立的吸收谱。根据 Kubo 理论[25]，当粒子的尺寸进入到纳米量级时，由于量子尺寸效应的存在，使原来体状金属的准连续的能级产生离散现象，相邻的电子能级间隔和粒子的直径关系为[25]：

$$\delta = \frac{4}{3}\frac{E_F}{N} \propto V^{-1} \tag{1.1}$$

式中　N——一个粒子中的导带电子数；

　　　E_F——费米能级能量；

　　　V——量子点的体积。

从式（1.1）可以看出，相邻的电子能级间隔与粒子的直径呈反比关系，即粒子的直径越大，相邻的电子能级间隔越小，对应的光谱向长波方向移动。因此，可以通过控制量子点的尺寸大小来改变吸收光谱和发射光谱的峰值位置。

（2）量子表面效应。量子点的表面效应指的是，量子点表面的原子数与其总原子数的比值随着直径的变小而急剧增大所引起的性质上的变化[26]。量子点具有小的尺寸和大的表面能，所以大量的原子都处于量子点的表面位置。增多的表面原子和大的表面能以及原子配位不足共同导致了表面原子具有较高的活性，因此很不稳定，易与其他原子结合。同时较高的表面活性也会引发量子点的表面原子运输和构型的变化。在图 1.2 中，以球形的 CdSe 量子点为例，显示了表面原子和表面能与尺寸的关系[27]。

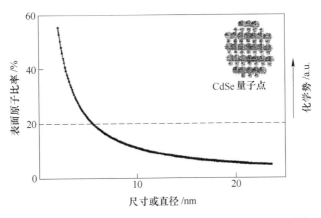

图 1.2　CdSe 量子点表面原子比率、表面能与粒径关系[27]

（3）量子限域效应。量子点在结构上与常规的体材料有很大的区别。量子限域效应指的是，当量子点尺寸可以与电子的相干波长和德布罗意波长以及激子玻尔半径相比较时，电子将被限制在纳米空间因而输运受限、电子平均自由程变得很短、电子的相干性和局限性变强的现象。如果量子点的尺寸小于或接近于激子玻尔半径，激子很容易产生，继而激子吸收带形成。当量子点尺寸进一步减小，激子吸收变强，因而强吸收激子出现。因为存在量子限域效应，使得激子的低能级的能量向高能级方向发生移动（蓝移），带与带之间的线谱便形成了光谱。利用 Brus 公式[28]：

$$E(R) = E_g + \frac{\hbar^2\pi^2}{2\mu R^2} - 1.786\frac{e^2}{\varepsilon R} - 0.248\frac{e^4\mu}{2\varepsilon^2 h^2} \qquad (1.2)$$

式中　$E(R)$ ——量子点的吸收带隙；

　　　E_g ——体材料的带隙能；

　　　R ——粒子半径；

　　　μ ——激子的折合质量。

式中等号右边第二项为量子限域项；第三项为介电限域项，负值表示光谱的红移；第四项为有效 Rydberg 能。

具体表现在光谱上的特征如下：

（1）发射光谱可调谐。半导体量子点的光谱区间是依赖于材料组分和量子点尺寸的。首先，各种材料组成的量子点由于其内在的各种物理参数（如波尔半径、载流子有效质量等）有很大的差别，因此往往在发光上表现出较大的差异，如图 1.3 所示[29]，各种材料的量子点能够达到的光谱范围差异很大，有的在紫外区（如 ZnS 等），有的在红外区（如 PbSe 等）。

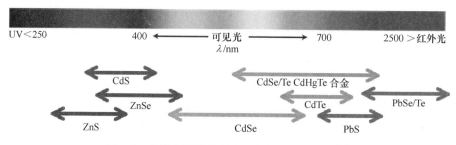

图 1.3   各种半导体量子点及它们的光谱区间[29]

相同组分的量子点材料，当其尺寸不同时，其发光光谱的波长是不同的，量子点材料的发光波长是尺寸依赖的，因此，可以通过调节量子点的尺寸，来调谐他们的发光波长；另外，不同组分的量子点材料，其发光光谱的区域也是不同的，因此也可以通过选择不同的量子点材料来调控发光波长[30]。图 1.4 所示为 5nm CdSe/ZnS 量子点和 8nm PbS 量子点的吸收（Abs）光谱和光致发光（PL）光谱[31]，可以看到 CdSe/ZnS 量子点的发光峰大约在 550nm，属于可见光波段，而 PbS 量子点的发光峰大约在 900nm，属于近红外波段。图 1.5 所示为 6 个不同尺寸（1.35~2.4nm）CdSe 量子点的 PL 光谱[32]，其中黑线是半径为 1.35nm（对应 PL 发射峰是 510nm）量子点的吸收光谱。这些

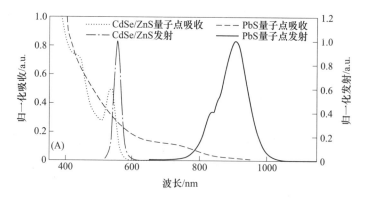

图 1.4   CdSe/ZnS 和 PbS 量子点的 Abs 和 PL 光谱[31]

光谱清晰地表明，CdSe 量子点的直径从 1.35nm 生长到 2.4nm 时，它们的发射波长从 510nm 红移到 610nm，在可见光谱区间是可调谐的。

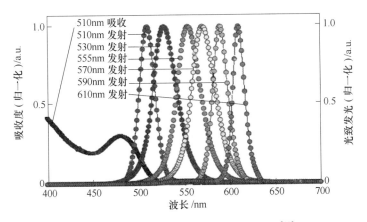

图 1.5　CdSe 量子点尺寸依赖的 PL 光谱[32]

相比之下，PbX（S，Se，Te）量子点材料由于具有较强的量子限域效应、较窄的体材料带隙、较小的玻尔半径等，得到了科研工作者越来越广泛的关注。PbX 量子点的发射光谱主要落在近、中红外波段。在 Pb 族量子点材料中，PbSe 量子点具有更为优异的光学性质，例如，激子的玻尔半径是 46nm，大约是 CdSe 量子点的 8 倍[33]，因此尺寸效应更为明显。图 1.6 所示为中红外波段 PbSe 量子点的发射光谱[34]。图中量子点的尺寸范围是 7.0~16.9nm，波长调谐范围是 2.0~3.5μm，能量范围是 0.36~0.63eV。图 1.7 所

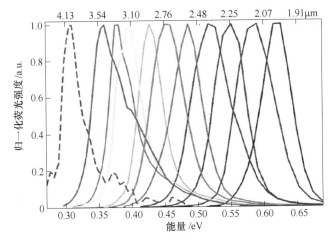

图 1.6　中红外波段 PbSe 量子点的 PL 光谱[34]

示为近红外波段 PbSe 量子点的 PL 光谱[35]。图中随着 PbSe 量子点尺寸由左到右的增加，PL 光谱从 1000nm 到 2000nm 可调谐。

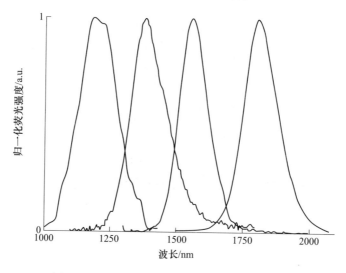

图 1.7 近红外波段 PbSe 量子点的 PL 光谱[35]

（2）较宽的吸收光谱和较窄的发光光谱。量子点材料具有较宽的吸收光谱，如图 1.8（a）所示[36]，以 8nmPbSe 量子点为例，吸收谱覆盖了 900nm 到 2100nm。图 1.8（b）说明使用单一波长的激发光就可以激发所有尺寸的量子点。另外，量子点的荧光光谱比较窄而且对称，利用这一特点，在多种不同尺寸的量子点材料同时使用时，就可以有效地避免出现光谱的交叠。

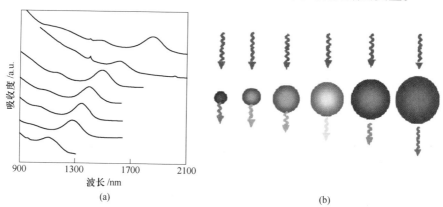

(a)

(b)

图 1.8 3~8nm PbSe 量子点吸收谱（a）以及单一波长激发不同尺寸量子点（b）[36]

（3）光稳定性和荧光强度好。通常使用的有机荧光材料在使用一段时间后会发生光减弱现象[32,37]，称作光漂白现象。由于量子点是惰性无机材料化合物，表面有一层外壳包裹，它在多次被激发以后，数小时内荧光不会发生明显的猝灭，故光漂白门限较高[38,39]。如图 1.9 所示，与荧光材料"罗丹明6G"（黑线）相比，量子点不仅发光强度更高，而且光稳定性是它的几十倍以上[36]。图 1.10 所示是在氮气环境下，在不同光照时的 PbSe 量子点的吸收

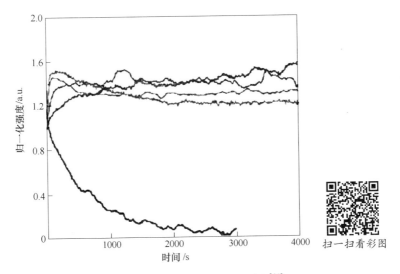

图 1.9　量子点和有机染料稳定性对比[36]

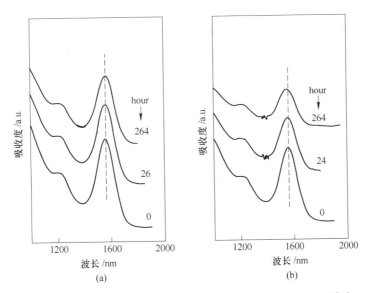

图 1.10　在氮气环境中，不同光照下 PbSe 量子点的吸收光谱[40]

（a）紫外线；（b）室内光

光谱[40]。可以看到，在氮气的环境下，PbSe 量子点的吸收光谱峰值位置，几乎是不随光照条件的变化而发生变化的，稳定性比较好。

（4）较大的斯托克斯位移。以合成的 PbSe 量子点为例，斯托克斯位移可以达到 70~80nm，而较大的斯托克斯位移可以尽量减小发射光谱与吸收光谱的重叠，这样可以降低由于二次吸收所产生的信号损耗，对荧光光谱信号的检测是非常有利的。

（5）荧光寿命长。有机荧光染料的荧光寿命一般是几纳秒[41]，而许多生物样本的自发辐射荧光衰减时间也是几纳秒，因此测得的荧光信号易受干扰；而量子点材料的荧光寿命为 20~50ns，当受到光激发后，大多数的自发荧光已经发生衰减但量子点荧光仍然存在，此时检测信号可大幅度降低背景的影响，获得较高的信噪比[36,42,43]。此外，荧光寿命长易于实现粒子数反转，形成光的放大。

与 Cd 族量子点材料相比，Pb 族量子点材料有着更大的玻尔半径（46nm）和更强的量子限域效应，更宽的可调谐波长范围（1100~2200nm）以及更高的荧光量子产额（89%）[35,44~46]。

1.3.2　量子点材料的研究现状

量子点材料主要包括 Si 和 Ge 半导体，II-VI、III-V、IV-VI族半导体，氧化物半导体量子点材料等。按照禁带宽度分类，可以分为宽带隙和窄带隙两种材料，而量子尺寸效应的强弱和带隙的宽窄密切相关。早期对量子点的研究主要集中在可见光区的量子点的合成及应用，以 Cd 族为代表，关于其光学性质、尺寸依赖性质、温度依赖性质以及消光系数、压力作用性质等报道较多[47~51]，研究也更为成熟。近些年来，对具有红外荧光光谱的量子点的报道也越来越多[45,52~54]，典型的材料是 Pb 族量子点。除了以上两种材料之外，研究人员还努力探索其他材料的合成，比如发光处于可见光区的 Zn[55,56]族、Ga族[52]、In 族[53]等，在红外波段，主要是 Hg 族的量子点。在 2006 年，Marc-Oliver 和 Piepenbrock 等人合成了不同尺寸的 HgTe 量子点，峰值辐射波长覆盖了 1150~1600nm。

近几年，核壳结构的量子点的合成成为一个热点课题。其优点是可以提高量子点的发光量子效率和增强稳定性。相比较而言，同样是 Cd 族为核的核壳结构的合成比较成熟，相关报道较为丰富；Pb 族为核的核壳结构的合成只是近几年才有报道，主要包括 PbSe/PbS 和 PbSe/CdSe 等核壳型量子点材料。

1.3.3 量子点材料的应用领域

随着对量子点材料研究的深入，科研工作者们对量子点的结构性能、制备优化等方面有了更为深入的了解和把握，应用领域也逐渐拓宽。本书主要阐述 PbSe 量子点材料在红外波段的应用，主要涉及以下几个方面。

1.3.3.1 红外 LEDs

将有机发光二极管（OLED）技术与诱人的量子点材料相结合，不仅可以通过量子点材料的选择，而且可以通过控制量子点的尺寸来调谐 LEDs 的发光颜色[46]。而且在通信窗口（1300nm 和 1550nm），高分子和有机染料将会受到限制。因此，在有机-无机混合 LEDs 中使用红外量子点材料具有良好的发展前景。Wenjia Hu 研究组报道了一种 PbSe 量子点 LEDs，其结构层为 ITO/PEDOT/EDT treated PbSe QDs（80nm）/ZnO NPs（50nm）/Al（150nm），其发光光谱处于近红外波段[57]，如图 1.11 所示，可调谐发光光谱处于 1200 ~ 1620nm 波段。

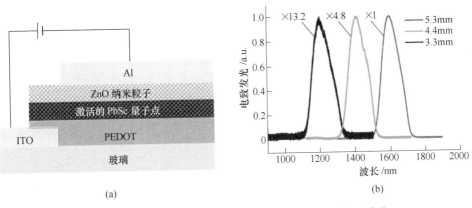

(a)　　　　　　　　　　(b)

图 1.11　PbSe 量子点 LED 的结构（a）和发光光谱（b）[57]

1.3.3.2 红外太阳能电池

量子点的另外一个应用领域是利用量子点材料制作太阳能电池，可以通过调控形状、尺寸和成分优化器件的电学和光学特征。而且制备的电池具有效率高、操作简单、成本低、覆盖区域大等优点。市场上比较常见的太阳能电池使用的原料是单晶硅或者多晶硅，其光电转化效率比较低，而量子点太阳能电池理论效率可达 70% 以上。太阳光谱大约 40% 的能量都集中于红外区域，而传统的太阳能电池很难有效利用这部分能量用于光电转换。近期，多个研究组提出将 PbSe 量子点应用于这种混合物太阳能电池结构中[58~60]，以有效地收集太阳光谱中的红外能量。通过调整 PbSe 量子点的尺寸，可以使其覆盖的吸收范围达到 1000~2500nm，在很大程度上补偿其他材料对太阳光谱吸收范围上的不足。图 1.12 所示是 PbSe 太阳能电池结构示意图[61]。

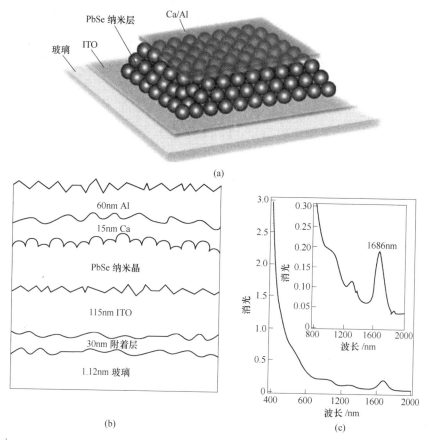

图 1.12　PbSe 太阳能电池[61]

（a）PbSe 太阳能电池结构示意图；（b）器件的横截面图，显示每层的厚度；

（c）PbSe 纳米晶溶液的吸收光谱

1.3.3.3　用于光学增益介质

关于光的放大和激光的产生只在 Ⅱ-Ⅵ（CdSe）量子点材料中研究的比较

多，但是这些量子点由于大的带隙（>1.75eV），很难在红外波段产生光的放大效应。而 PbSe 在基于量子井的装置中已经被用于红外增益介质。近些年来，PbSe 量子点也被应用于增益介质[62]。2003 年，R. D. Schaller 研究小组将 PbSe 量子点用于光的放大，观测到了放大的自发辐射，证明了利用量子点作为增益介质的光放大器和激光器的可行性，如图 1.13[34] 所示。

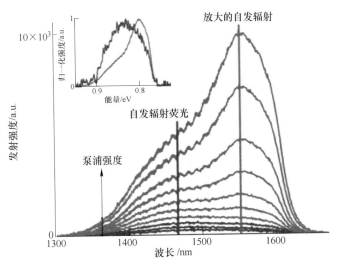

图 1.13　PbSe 量子点中放大的自发辐射[34]

1.3.3.4　通信领域的应用

光通信是红外波段胶体量子点的一个引人关注的应用领域。在这个领域中，大部分光电器件工作在 1200～1600nm 波段。光纤材料的主体是硅，图 1.14 所示是标准通信光纤的红外吸收光谱[63]。显然，人们关注的重点放在 1300nm 和 1550nm 两个波长窗口。

PbSe 量子点的带隙是尺寸依赖的，可调谐波长范围是 1100～2200nm，完全满足通信窗口的需要。将 PbSe 量子点掺杂到空芯光纤中，制备成 PbSe 量子点液芯光纤，进而制备成量子点光纤放大器，是一项很有意义的研究工作。

1.3.3.5　生物医学成像领域的应用

1998 年 Chan 等人第一次研究利用转铁蛋白偶联的量子点对细胞进行荧光标记[64]；接着 Bruchez 等人[65] 也进行了类似的工作，用量子点标记了小鼠的

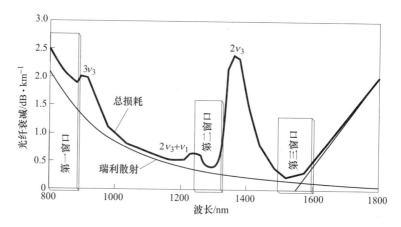

图 1.14　通信光纤的红外吸收光谱[63]

纤维细胞。图 1.15 所示为鼠 C6 神经胶质瘤细胞被量子点标记后的体外、体内成像图，利用量子点可以较为简单地分别正常细胞和癌细胞，从而可以单独将癌细胞杀死。

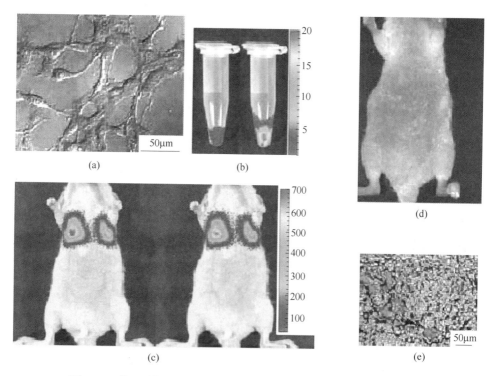

图 1.15　鼠 C6 神经胶质瘤细胞被量子点标记后的体外、体内成像[65]

1.4　量子点掺杂的光纤

由于量子点材料具有上述优异的电学和光学性质，使得一些基于光纤的器件的研究都将重点转移到了量子点材料。例如，光纤通信、光纤放大器和光纤传感器等。再比如基于光纤的光源，人类社会的生存与发展离不开光源，光信息科学的进步在推进人类社会文明发展中起到了极其重要的作用。在最近几年里，稀土离子掺杂的光纤光源，由于其具有较高的空间光束质量、较高的光学操控性、紧凑性和灵活性，从而得到了深入研究，同时也取得了很好的研究成果。一直以来，人们想尽了许多办法，试图通过设计各种结构来调控辐射波长。但是，由于天然元素辐射和吸收光谱的波长和波段是固有和无法改变的，因此，尽管人们已经努力备至，但目前掺杂天然元素的光纤光源的波长调控已经达到极限，发挥潜力似乎已经穷尽。解决这个问题的一个很好的方法就是将稀土离子换成窄带隙量子点材料，从而实现发光波长可调谐。量子点是一种准零维的半导体纳米晶，半径小于激子玻尔半径，因而具有优异的发光性质，在材料学和物理学等领域有着广阔的应用前景[66,67]。其中IV-VI族半导体量子点（如 PbSe 量子点）的激子玻尔半径为 46nm，具有很强的量子限域效应，因此可以通过控制 PbSe 量子点的尺寸来调谐荧光发射峰的波长。其荧光发射光谱波长几乎覆盖了近红外波段（1100~2200nm），并且可作为带宽较宽的近红外光增益介质，这些优越的电学和光学特性是天然元素不具备的，对于光纤通信领域有着非常重要的应用价值。因此，将量子点材料应用于光纤中是一项很有意义的研究工作。

由于量子点材料发射（吸收）光谱的波长可调谐性，可用其替换传统的稀土离子作为光纤的掺杂材料，从而实现光纤光源波长的调谐。另外，由于光纤波导的限制作用，量子点材料发射的荧光可以被很好地收集起来，并且可以被再吸收—发射，产生一些新的实验现象，如图 1.16 所示。如果量子点材料荧光寿命足够长，泵浦功率足够大，还有可能实现粒子数反转，产生光

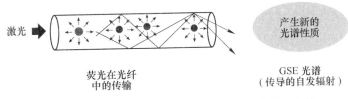

激光　　　　　　　　　　　　　　　　　　产生新的
　　　　　　　　　　　　　　　　　　　光谱性质

荧光在光纤　　　　　　　　　　GSE 光谱
中的传输　　　　　　　　　　（传导的自发辐射）

图 1.16　量子点荧光经光纤传导后产生新的光谱性质

的放大，研究其光学增益特性。量子点液芯光纤的制作过程将在第 5 章中进行具体阐述。

1.4.1　量子点光纤的研究进展

近几年来，PbSe 量子点掺杂光纤的研究得到了广泛的关注，同时也取得了一定的研究成果。例如，2003 年，R. D. Schaller 研究小组[34]利用一种新的溶胶-凝胶技术合成并制作了 PbSe 量子点溶胶-凝胶薄膜，产生了近红外波段尺寸调谐的放大自发辐射，从而证明了利用量子点作为增益介质的光放大器和激光器的可行性。2007 年，Z. Wu 研究小组[68]利用 PbSe 量子点设计硅基光子晶体微腔光发射装置，观察到了波长为 1550nm、线宽为 2.0nm 的放大的自发辐射。Bahrampour 研究小组[69]从理论上分析了多尺寸 PbSe 量子点共同掺杂的量子点光纤放大器，得到大约 30dB 的光学增益。Watekar 等人报道了 PbSe 量子点掺杂硅硼酸盐玻璃光纤的线性和非线性光学性质[70]。Hreibi 等人用 532nm 激光泵浦 PbSe 量子点液芯光纤，得到了 1220nm 的自发辐射，并且得到了随着光纤长度和泵浦功率的改变，自发辐射的强度及峰值位置的变化情况[71]。Cheng 等人从理论上模拟了 PbSe 量子点单模光纤，得到了随着光纤长度以及掺杂浓度的改变，自发辐射谱的变化情况[72]，在不同的泵浦光输入下，得到了 15.4~33.5dB 的光学增益。并于 2014 年从实验和理论上实现了 PbSe 量子点光纤激光器的设计[73,74]。2016 年，Wu[75]等人将 ZnCuInS/ZnSe/ZnS 量子点掺杂到液芯光纤中，制作成量子点液芯光纤，得到了更高的发光稳定性和更长的传输距离。2019 年，Zhang[76]等人研究了 PbSe 量子点液芯光纤的温度传感性质，得到了较高的检测灵敏度。

1.4.2　量子点光纤的应用领域

PbSe 量子点由于具有优异的电学和光学性质，因而在很多方面都具有广泛的应用，若将其掺杂在光纤中制作成 PbSe 量子点光纤，其产生的荧光会被有效地收集并传输，产生一些新的现象。在一定的条件下，还可以产生光的放大效应。由于量子点材料具有宽的吸收光谱，故很宽范围的激发光源都可以将量子点激发（如图 1.5 所示），例如可以用 532nm 激光器激发 PbSe 量子点光纤，从而向外辐射近红外波段的荧光，由此可见，PbSe 量子点光纤可以用于光纤光源，它可以把一个可见光转化为近红外光。另外，已有研究表明[77,78]，PbSe 量子点光纤可用于光的放大，如图 1.17 所示。

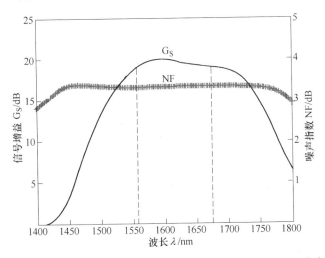

图 1.17　PbSe 量子点光纤波长依赖的信号增益和噪声演化[78]

　　光谱学因其及时响应和高精度而被广泛应用于温度传感领域。而温度探测和光纤的组合不仅有利于光电检测，还可以提高信噪比。光纤温度传感器是基于光信号传送信息，具有灵敏度高、体积小、质量轻、易弯曲、不受电磁干扰、抗腐蚀性好等优点，特别适用于易燃、易爆、空间狭窄和具有腐蚀性强的气体、液体等苛刻环境下的温度检测。其中，稀土离子掺杂的光纤温度传感器已经得到了广泛研究并取得了较好的研究成果，但是这种掺杂型光纤荧光温度传感器的制作方法复杂、成本高、掺杂浓度较低，而且，稀土离子辐射和吸收光谱的波长和波段的固有性限制了其在很多领域的应用。量子点的出现为光纤荧光温度传感器的研究提供了新的荧光材料。近年来，胶体量子点在 LED[79,80]、太阳能电池[81]、荧光探针[82,83]和催化[84]等领域显示出巨大的潜力。在众多的量子点材料中，PbSe 量子点具有更加独特的光学特性[85,86]，其光致发光的强度具有较大的温度依赖系数[87]和较高的量子产率，因此它们被应用于光纤放大器[88]、光纤传感器[89]和太阳能集束器[90,91]等。已有研究证明，直接沉积在蓝光 LED 上的 PbSe 量子点可以进行实时温度监测[92,93]，这也为量子点材料应用于温度检测提供了依据。因此，将合成好的量子点材料掺杂到光纤中，可以通过观察量子点荧光经光纤传导后其性质的变化来监测外界环境的变化情况，是一项有意义的研究工作。2009 年，Pramod R. Watekar 研究小组用 CdSe 量子点掺杂光纤做成电流传感器，该传感器要比普通的单模光纤电流传感器对电流的敏感度强很多，如图 1.18（a）所示[94]。2005 年，Jorge P. A. S. 研究小组用 CdSe-ZnS 量子点制作成光纤温度传感器，如图 1.18（b）所示[95]。

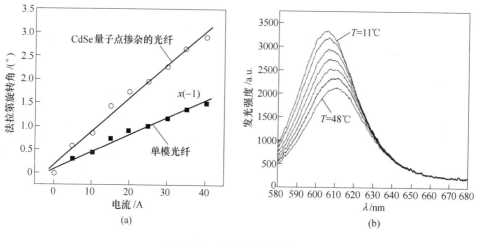

图 1.18　量子点光纤传感器

（a）电流传感器[91]；（b）温度传感器[95]

1.5　本章小结

本章介绍了光纤技术及其发展，光纤技术在光纤通信、光纤放大器、光纤传感器和光纤激光器中的应用，重点介绍了液芯光纤的性质、应用及优势；阐述了半导体量子点材料的基本概念以及量子点掺杂光纤的研究意义、研究现状以及在各个领域的应用。

2 量子点光纤的基本理论

PbSe 量子点在光的激发下会发生自发辐射，向任意方向产生荧光；但是将其放入光纤之后，产生的荧光会被有效地收集并传输，产生一些新的现象。由此可见，这里面涉及的理论有自发辐射与受激辐射，量子点发光理论以及光在光纤中的传输理论。本章将重点介绍这些理论，为以后理论模型的建立打下基础。

2.1 二能级系统的三种跃迁

1917 年，爱因斯坦根据辐射和原子相互作用的量子理论指出，光子与物质的相互作用中将发生的物理过程包括自发辐射、受激吸收和受激辐射三种，光既可以被物质吸收，又可以从物质中发射出来[96]。本节将重点介绍这三种跃迁。

2.1.1 自发跃迁

用 u 和 l 分别表示原子的较高能态和较低能态，相应的能量分别为 E_u 和 E_l，单位体积介质中处于 u 和 l 态的粒子数密度（有时简称为粒子数）用 N_u 和 N_l 表示。根据物理学的最小能量原理，处于上能级 u 的原子在无外界作用的条件下会以几率 A_{ul} 自发地向下能级 l 跃迁，并辐射一个频率为 $\nu = (E_u - E_l)/h$ 的光子，如图 2.1（a）所示。这种过程称为自发辐射跃迁，而 A_{ul} 称为自发辐射跃迁几率，或自发跃迁爱因斯坦（Einstein）系数，这是一个只与原子本身性质有关的参数。

自发跃迁引起 N_u 的变化速率与 N_u 成正比，比例系数即为 A_{ul}，即：

$$\left(\frac{\mathrm{d}N_u}{\mathrm{d}t}\right)_{\mathrm{sp}} = -A_{ul}N_u \tag{2.1}$$

式中，"sp"表示自发辐射。

由方程式（2.1）容易解得 t 时刻 N_u 的值为：

$$N_u(t) = N_{u0}e^{-A_{ul}t} = N_{u0}e^{-\frac{t}{\tau_u}} \tag{2.2}$$

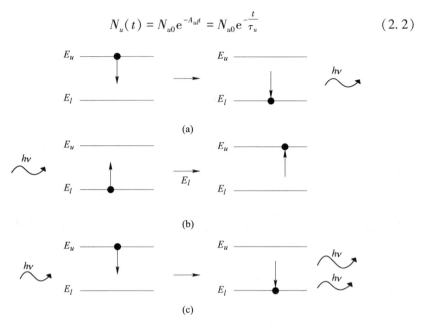

图 2.1　二能级间三种跃迁过程

（a）自发辐射；（b）受激吸收；（c）受激发射

其中，N_{u0} 为 N_u 在 $t=0$ 时刻的值，而：

$$\tau_u = \frac{1}{A_{ul}} \tag{2.3}$$

称为能级 u 的自发跃迁寿命。它表示由于自发跃迁的存在而导致原子在能级 u 上滞留时间的有限性。

如果与能级 u 发生跃迁的下能级不止一条，能级 u 向其中第 i 条自发跃迁的几率为 A_{ui}，则式（2.3）由更一般的关系代替：

$$\tau_u = \frac{1}{\sum_i A_{ui}} \tag{2.4}$$

2.1.2　受激吸收

当上述原子受到能量密度为 ρ、频率为 $\nu = \dfrac{E_u - E_l}{h}$ 的光场作用时，将会有受激吸收和受激辐射发生。处于能级 l 的原子吸收入射光子并以几率：

$$W_{lu} = B_{lu}\rho \tag{2.5}$$

向能级 u 跃迁，如图 2.1（b）所示，其中 B_{lu} 称为受激吸收跃迁爱因斯坦系数。

受激吸收跃迁引起入射光子数 n 的减少及上能级原子数的增加，变化速率与 N_l 成正比，且可写为：

$$\left(\frac{\mathrm{d}N_u}{\mathrm{d}t}\right)_{ab} = -\left(\frac{\mathrm{d}n}{\mathrm{d}t}\right)_{ab} = W_{lu}N_l \tag{2.6}$$

式中，下标"ab"表示吸收过程。

2.1.3 受激辐射

处于能级 u 的原子在光的激发下以几率：

$$W_{ul} = B_{ul}\rho \tag{2.7}$$

向能级 l 跃迁，并发射一个与入射光子全同的光子，如图 2.1（c）所示，其中 B_{ul} 称为受激发射爱因斯坦系数。这一过程称为受激辐射，是由爱因斯坦于 1917 年首次提出的。受激辐射跃迁引起 N_u 的减少及 n 的增长，变化速率为：

$$\left(\frac{\mathrm{d}N_u}{\mathrm{d}t}\right)_{st} = \left(\frac{\mathrm{d}n}{\mathrm{d}t}\right)_{st} = -W_{ul}N_u = -B_{ul}\rho N_u \tag{2.8}$$

式中，下标"st"表示受激发射过程。

由以上讨论不难看出，自发辐射是在没有外界作用的条件下原子的自发行为，因而，不同原子辐射的场互不相关，即是非相干的。而受激辐射则不同，由于它是在入射辐射场的控制下发生的，所以辐射场必然会与入射场有某种联系。爱因斯坦预言该过程后又过了整整 10 年，杰出的英国物理学家、剑桥大学物理系教授 Dirac 首先发现受激辐射有一些与普通发光所不同的特点。到 20 世纪 50 年代，理论与实验都证明，受激辐射与入射场具有相同的频率、相位和偏振态，并沿相同方向传播，因而具有很好的相干性。事实上，正是受激辐射的这些特性，决定了激光具有普通光源无法比拟的特性。

当外界光辐射作用于原子时，受激吸收现象和受激辐射现象总是同时存在并贯穿于过程的始终。作用后的入射光被衰减还是被放大，完全取决于受激吸收和受激辐射两种过程哪一种占主导地位。如受激吸收大于受激辐射，则光被衰减；反之，如果受激辐射占据主导地位，则光被放大。

2.1.4 爱因斯坦系数之间的关系

以上关于辐射场与原子相互作用的三个比例系数 A_{ul}、B_{lu} 和 B_{ul} 均称为爱因斯坦系数。它们是一些只取决于原子性质而与辐射场无关的量，且三者之间存在一定联系。

当三种过程都存在时，N_u 的变化率为：

$$\left(\frac{\mathrm{d}N_u}{\mathrm{d}t}\right) = \left(\frac{\mathrm{d}N_u}{\mathrm{d}t}\right)_{\mathrm{sp}} + \left(\frac{\mathrm{d}N_u}{\mathrm{d}t}\right)_{\mathrm{ab}} + \left(\frac{\mathrm{d}N_u}{\mathrm{d}t}\right)_{\mathrm{st}} \tag{2.9}$$

在热平衡条件下 $\mathrm{d}N_u/\mathrm{d}t = 0$，将式（2.1）、式（2.6）及式（2.8）代入式（2.9）得到：

$$N_u A_{ul} + N_u B_{ul}\rho = N_l B_{lu}\rho \tag{2.10}$$

设能级 u 与 l 的简并度分别为 g_u 和 g_l，则由 Boltzman 分布式可知：

$$N_l = \frac{g_l}{g_u} N_u \mathrm{e}^{\frac{h\nu}{kT}} \tag{2.11}$$

对大多数跃迁 g_l/g_u 在 0.5～2 之间取值，因而往往设 $g_l/g_u = 1$。在激光产生过程中，最初的光信号来自工作物质的热辐射，辐射能量密度中频率为 ν 的成分由 Plank 公式给出：

$$\rho = \frac{8\pi h\nu^3}{c^3}(\mathrm{e}^{\frac{h\nu}{kT}} - 1)^{-1} \tag{2.12}$$

将式（2.11）和式（2.12）代入式（2.10），有：

$$\frac{B_{ul}}{A_{ul}}\left(\frac{B_{lu}g_l}{B_{ul}g_u}\mathrm{e}^{\frac{h\nu}{kT}} - 1\right)\frac{8\pi h\nu^3}{c^3} = \mathrm{e}^{\frac{h\nu}{kT}} - 1 \tag{2.13}$$

两边分别对 $T\rightarrow\infty$ 取极限，终得：

$$B_{lu}g_l = B_{ul}g_u \quad \text{或} \quad B_{lu} = \frac{g_u}{g_l}B_{ul} \tag{2.14}$$

代入式（2.13），则：

$$A_{ul} = \frac{8\pi h\nu^3}{c^3}B_{ul} \tag{2.15}$$

式（2.14）和式（2.15）给出了爱因斯坦三个辐射系数之间的关系。

2.2　量子点的发光原理

在半导体材料（包括体材料和量子点）中，价电子几乎是非局域禁锢的。当原子中的电子受到一个具有适当能量的光子激发时，电子就可以脱离原子的束缚，跃迁到禁带中的某些能量状态，原子由于失去这个电子而带有正的电荷（称为"空穴"），它通过库仑作用与跃迁到禁带的电子形成电子-空穴对，称为激子，如图 2.2 所示即为激子的能量状态。激子复合的能量会以光的形式释放出来，这就是 PbSe 量子点的发光原理。激子结构类似于类氢原子，但其玻尔半径要远大于氢原子的玻尔半径[32,97,98]。对于量子点材料，特别是 Pb 族量子点，尺寸往往小于材料的玻尔半径，激子能量结构会发生极大的变化，就会大大影响量子点的物理性质。因此，分析量子点的激子能量结构，是研究其光学性质的基础。

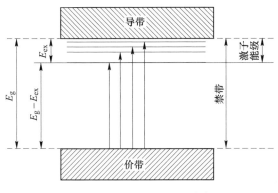

图 2.2　激子的能量状态[39]

2.3　量子点的激子能量结构

我们可以利用类氢原子的结构来简化激子模型，在强受限下，将电子和空穴看成是势阱里的两个独立的粒子，则在有效质量近似模型下，激子的哈密顿量可以表示为：

$$H = -\frac{\hbar^2}{2m_e}\nabla_e^2 - \frac{\hbar^2}{2m_h}\nabla_h^2 + V_e + V_h - \frac{e^2}{4\pi\varepsilon_0\varepsilon r_{eh}} \qquad (2.16)$$

式中　m_e，m_h——电子和空穴的有效质量；

ε_0——真空介电常数；

ε——量子点材料的相对静电介电常数；

r_{eh}——电子和空穴的距离，$r_{eh} = |\vec{r}_e - \vec{r}_h|$；

r_e，r_h——电子和空穴相对量子点中心的距离。

其中，公式右侧第一项和第二项分别是电子和空穴的动能；第三项和第四项分别是电子和空穴的受限势能；第五项表示电子和空穴之间的库仑作用势能。

处于溶剂中的量子点的激子相当于被束缚在一个球形势阱中，在量子点内部，激子不受束缚，而在量子点外部，则受到势能 V_0 的束缚，V_0 是溶剂相对于量子点体材料的势能高度。

那么激子的受限势能为：

$$V_i = \begin{cases} 0, & r_i \leqslant R \\ V_{0i}, & r_i > R \end{cases} \quad (i = e, h) \tag{2.17}$$

式中　R——球形量子点的半径。

受限势能与材料的禁带宽度满足如下关系：

$$V_{0e} + V_{0h} = E_g^m - E_g^s \tag{2.18}$$

式中　E_g^m，E_g^s——量子点材料和溶剂材料的禁带宽度，如图 2.3 所示。

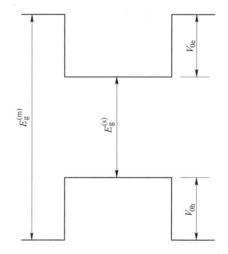

图 2.3　量子点材料和溶剂材料的能级关系[40]

本书认为库仑（Coulomb）作用项为微扰项，采用微扰理论来求解式
(2.16) 表示的哈密顿能量本征方程。

2.3.1　量子受限能

激子波函数表示为：

$$\left[-\frac{\hbar^2}{2m_i} \nabla_i^2 + V_i(r) \right] \psi_i(r) = E_i \psi_i(r)，i = e, h \tag{2.19}$$

建立球坐标系，对于电子和空穴的基态（$l = 0$），其径向薛定谔方
程是[99]：

$$\frac{d^2 \psi(r)}{dr^2} + \frac{2}{r} \frac{d\psi(r)}{dr} + k_{in}^2 \psi(r) = 0，r < R，i = e, h \tag{2.20a}$$

$$\frac{\mathrm{d}^2\psi(r)}{\mathrm{d}r^2} + \frac{2}{r}\frac{\mathrm{d}\psi(r)}{\mathrm{d}r} - k_{\mathrm{out}}^2\psi(r) = 0, \quad r > R, \quad i = \mathrm{e,h} \qquad (2.20\mathrm{b})$$

$$k_{\mathrm{in}} = \sqrt{\frac{2mE^{\mathrm{conf}}}{\hbar^2}} \qquad k_{\mathrm{out}} = \sqrt{\frac{2m_0(V_0 - E^{\mathrm{conf}})}{\hbar^2}}$$

量子点内部的载流子有效质量为 m，外部的质量是自由电子的质量 m_0。

求得量子点内外的基态波函数为：

$$\psi_{\mathrm{in}}(r) = A\frac{\sin(k_{\mathrm{in}}r)}{r}, \quad r \leqslant R \qquad (2.21\mathrm{a})$$

$$\psi_{\mathrm{out}}(r) = B\frac{\exp(-k_{\mathrm{out}}r)}{r}, \quad r > R \qquad (2.21\mathrm{b})$$

通过边界连续性条件：

$$\psi_{\mathrm{in}}(R) = \psi_{\mathrm{out}}(R) \qquad (2.22\mathrm{a})$$

$$\frac{1}{m}\frac{\partial\varphi_{\mathrm{in}}}{\partial r}\Big|_{r=R} = \frac{1}{m_0}\frac{\partial\varphi_{\mathrm{out}}}{\partial r}\Big|_{r=R} \qquad (2.22\mathrm{b})$$

将波函数表示式（2.21）代入边界条件，有：

$$A\frac{\sin(k_{\mathrm{in}}R)}{R} = B\frac{\exp(-k_{\mathrm{out}}R)}{R} \qquad (2.23\mathrm{a})$$

$$\frac{A}{m}\frac{\cos(k_{\mathrm{in}}R)k_{\mathrm{in}}R - \sin(k_{\mathrm{in}}R)}{R^2} = \frac{B}{m_0}\frac{\exp(-k_{\mathrm{out}}R)(-k_{\mathrm{out}}R) - \exp(-k_{\mathrm{out}}R)}{R^2}$$

$$(2.23\mathrm{b})$$

两式联立得：

$$\tan(k_{\mathrm{in}}R) = \frac{k_{\mathrm{in}}R}{1 - \dfrac{m}{m_0}(k_{\mathrm{out}}R + 1)} \qquad (2.24)$$

令 $\beta = \dfrac{m}{m_0}$，$X_0^2 = \dfrac{2m_0V_0R^2}{\hbar^2}$，$k_{\mathrm{in}}R = X_0\xi$，则 $\xi^2 = \left(\dfrac{KR}{X_0}\right)^2 = \beta\dfrac{E^{\mathrm{conf}}}{V_0}$。

因此：

$$\tan(X_0\xi) = \frac{X_0\xi}{1 - \beta - \beta X_0\sqrt{1 - \xi^2/\beta}} \qquad (2.25)$$

可得电子和空穴的受限能（分别以导带底、价带顶为参考的能级）：

$$E^{\mathrm{conf}} = \frac{\xi^2V_0}{\beta} = \frac{\hbar^2X_0^2\xi^2}{2mR^2} \qquad (2.26)$$

2.3.2 Coulomb 作用能量

库仑作用能可通过一阶微扰理论来求解[100]，即：

$$E_{e-h} = \left\langle 1S_e, 1S_h \left| \frac{e^2}{4\pi\varepsilon_0\varepsilon(r_{eh})|r_e - r_h|} \right| 1S_e, 1S_h \right\rangle$$

$$= -\frac{2e^2}{4\pi\varepsilon_0\varepsilon(r_{eh})} \int_0^R \psi_{in}^2(r_h) 4\pi r_h dr_h \left(\int_0^{r_h} \psi_{in}^2(r_e) 4\pi r_e^2 dr_e \right) \tag{2.27}$$

式中，$\varepsilon(r_{eh})$ 是随电子空穴的间距 $r_{eh} = |r_e - r_h|$ 变化的介电常数，与电子空穴距离有关，可由式（2.28）表示[100~102]：

$$\frac{1}{\varepsilon(r_{eh})} = \frac{1}{\varepsilon_\infty} - \left[\frac{1}{\varepsilon_\infty} - \frac{1}{\varepsilon_0} \right] \times \left[1 - \frac{\exp(-r_{eh}/\rho_e) + \exp(-r_{eh}/\rho_h)}{2} \right]$$

$$\tag{2.28}$$

式中 ε_∞，ε_0——光频和静态介电常数；

$\rho_{e,h}$——电子和空穴的电荷密度，$\rho_{e,h} = \left(\dfrac{\hbar}{2m_{e,h}\omega_{LO}} \right)^{1/2}$；

ω_{LO}——长波光学声子频率。

电子与空穴的平均距离 r_{eh} 可以由式（2.29）表示[101~103]：

$$r_{eh} \approx 0.6993R \tag{2.29}$$

根据归一化条件，波函数满足如下要求：

$$\int_0^R |\psi_{in}|^2 d\tau + \int_R^{+\infty} |\psi_{out}|^2 d\tau = 1$$

利用式（2.21）和式（2.23）有：

$$4\pi A^2 \left(\int_0^R \sin^2(k_{in}r) dr + \int_R^{+\infty} \left(\frac{\sin(k_{in}R)}{\exp(-k_{out}R)} \exp(-k_{out}r) \right)^2 dr \right) = 1$$

整理得出：

$$A = \frac{1}{4\pi \sqrt{\int_0^R \sin^2(k_{in}r) dr + \int_R^{+\infty} \left(\dfrac{\sin(k_{in}R)}{\exp(-k_{out}R)} \exp(-k_{out}r) \right)^2 dr}} \tag{2.30}$$

把式（2.21）代入式（2.27），整理得出：

$$E_{e-h} = -\frac{2\pi e^2 (A_e A_h)^2}{\varepsilon_0 \varepsilon(r_{12})} \left[\frac{1}{k_{in}^h} \left(k_{in}^h R - \frac{1}{2}\sin(2k_{in}^h R) \right) - \right.$$

$$\left. \frac{1}{k_{in}^e} \int_0^R \frac{\sin^2(k_{in}^h r_h)}{r_h} \sin(2k_{in}^e r_h) dr_h \right] \tag{2.31}$$

因此，将量子点禁带宽度用式（2.32）表示：

$$E_g = E_g^0 + E^{conf} + E_{e-h} \qquad (2.32)$$

式中，等号右边第一项为体材料禁带宽度，后两项分别为受限能和库仑作用能。

2.4 量子点的能级结构计算

以 PbSe 量子点为例，在量子点合成后，分散在四氯乙烯溶剂中，为下一步的光谱测试做准备。四氯乙烯溶剂的主要参数是[99]：禁带宽度是 5.0eV，LUMO（Lower Unoccupied Molecular Orbital，能量最低的未占分子轨道）和 HOMO（Highest Occupied Molecular Orbital，能量最高的已占分子轨道）分别为 $-1.0eV$ 和 $-6.0eV$。PbSe 量子点的主要参数：电子和空穴的有效质量是 $m_e = 0.07m_0$，$m_h = 0.068m_0$。PbSe 体材料的 LUMO 为 $-4.87eV$（则 $V_{0e} = 3.87eV$），HOMO 为 $-5.15eV$（则 $V_{0h} = 0.85eV$）。其他参数：$\hbar\omega_{LO} = 16.8eV$，$\varepsilon_\infty = 25$，$\varepsilon_0 = 227$。

2.4.1 LUMO 与 HOMO 的计算

相对于体材料的导带底而言，PbSe 量子点中的电子能级（利用式（2.25））如下：

$$\tan(10.11R\xi) = \frac{10.11R\xi}{0.93 - 0.7077R\sqrt{1 - \xi^2/0.07}} \qquad (2.33)$$

式中，R 的单位为 nm。

通过求解方程式（2.33），确定与 R 值对应的 ξ 值，进而求出电子量子受限能 E^{conf} 和 LUMO 的量值。相关数据列于表 2.1，表中实验数据来自于参考文献 [63]。

表 2.1 典型尺寸 PbSe 量子点的 LUMO 计算值和实验值

R/nm	1.6439	1.9760	2.4926	3.9871	4.9833
ξ	0.0998	0.0893	0.0771	0.0559	0.0474
E_e^{conf}/eV	0.5506	0.4409	0.3286	0.1728	0.1242
LUMO $= -4.87 + E_e^{conf}$	-4.3194	-4.4291	-4.5414	-4.6972	-4.7458
LUMO 实验值/eV	-4.3840	-4.3635	-4.4660	-4.6505	-4.7300

对于 PbSe 量子点的空穴能级（相对体材料价带顶而言），利用式（2.25），有如下关系式：

$$\tan(4.74R\xi) = \frac{4.74R\xi}{0.932 - 0.3222R\sqrt{1 - \xi^2/0.068}} \tag{2.34}$$

式中，R 的单位取为 nm。

通过求解方程式（2.34），确定与 R 对应的 ξ，进而求出空穴量子受限能 E^{conf} 和 HOMO 的量值。相关数据列于表 2.2，实验数据来自于参考文献 [63]。

表 2.2　典型尺寸 PbSe 量子点的 HOMO 计算值和实验值

R/nm	1.6439	1.9760	2.4926	3.9871	4.9833
ξ	0.1498	0.1361	0.1200	0.0914	0.0796
E_h^{conf}/eV	0.2805	0.2315	0.1800	0.1044	0.0792
HOMO $= -5.15 + E_h^{conf}$	−5.4305	−5.3815	−5.3300	−5.2544	−5.2292
HOMO 实验值/eV	−5.4295	−5.3475	−5.2450	−5.2040	−5.1400

利用表 2.1 和表 2.2 的数据，可以得到 PbSe 量子点激子量子受限能的尺寸依赖数据，见表 2.3。

表 2.3　典型尺寸 PbSe 量子点的量子受限能计算值

R/nm	1.6439	1.9760	2.4926	3.9871	4.9833
E^{conf}/eV	0.8311	0.6724	0.5086	0.2772	0.2034

2.4.2　库仑作用能量的计算

利用式（2.28）和式（2.29），代入有关 PbSe 材料的数据，计算得到尺寸依赖的 PbSe 量子点的介电常数，见表 2.4。

表 2.4　典型尺寸 PbSe 量子点的介电常数计算值

R/nm	1.6439	1.9760	2.4926	3.9871	4.9833
$\varepsilon\,(r_{eh})$	224.06	226.37	227.15	227.27	227.27

利用式（2.21）和表 2.1、表 2.2 的数据，计算电子和空穴的波矢大小。然后利用式（2.30），代入有关 PbSe 材料的数据，计算尺寸依赖的归一化常数，见表 2.5。

表 2.5 典型尺寸 PbSe 量子点的波数和归一化常数的计算值

R/nm	1.6439	1.9760	2.4926	3.9871	4.9833
$k_{\text{in}}^{\text{e}}/\text{nm}^{-1}$	1.0051	0.8994	0.7765	0.5631	0.4774
$k_{\text{in}}^{\text{h}}/\text{nm}^{-1}$	0.7071	0.6424	0.5664	0.4314	0.3757
$k_{\text{out}}^{\text{e}}/\text{nm}^{-1}$	9.3279	9.4808	9.6348	9.8445	9.9089
$k_{\text{out}}^{\text{h}}/\text{nm}^{-1}$	3.8637	4.0265	4.1908	4.4209	4.4950
A_{e}	0.2949	0.2631	0.2299	0.1800	0.1619
A_{h}	0.3439	0.3007	0.2550	0.1871	0.1637

利用式（2.31），代入有关 PbSe 的数据，参考表 2.4 和表 2.5 的计算数据，计算尺寸依赖的电子与空穴作用能量，见表 2.6。

表 2.6 典型尺寸 PbSe 量子点的电子与空穴作用能量的计算值

R/nm	1.6439	1.9760	2.4926	3.9871	4.9833
$E_{\text{e-h}}/\text{eV}$	−0.0042	−0.0037	−0.0032	−0.0023	−0.0019

2.4.3 禁带宽度的计算

体材料 PbSe 的禁带宽度是 0.28eV，代入式（2.32），并代入表 2.1、表 2.2 和表 2.6 的数据，得出尺寸依赖的 PbSe 量子点的禁带宽度计算值，并与实验值进行比较，见表 2.7。

表 2.7 典型尺寸 PbSe 量子点的禁带宽度计算值

R/nm	1.6439	1.9760	2.4926	3.9871	4.9833
E_{g} 计算值/eV	1.1069	0.9487	0.7854	0.5549	0.4815
E_{g} 实验值/eV	1.0455	0.9840	0.7790	0.5535	0.4800

2.5 量子点的消光系数

根据 Lambert-Beer 定律，量子点的吸收与发光性质和量子点溶液的浓度有关。已有的研究表明，通过测量量子点溶液的吸收，借助 Lambert-Beer 定律，可以计算量子点溶液的粒子浓度[49]。但是，实现这一目标的前提是已知量子点溶液的摩尔消光系数。目前，一些关于量子点消光系数的研究报道包括 Yu 等人对 CdX（X = S，Se，Te）消光系数的研究[47,104~108]，Yu 等人对

InAs 消光系数的研究[109]，Cademartiri 等人对 PbS 消光系数的研究[110]。

消光截面是吸收截面与散射截面之和。

吸收截面 σ_{ab} 定义为：单位时间内被量子点吸收的电磁波平均功率密度与入射的电磁波平均功率密度之比。即：

$$\sigma_{ab} = \frac{P_{ab}}{P_{in}} \qquad (2.35)$$

式中　P_{in}——入射电磁波的平均功率密度；

P_{ab}——被量子点所吸收的电磁波平均功率密度。

散射截面 σ_{sc} 定义为：单位时间内被粒子散射的电磁波平均功率密度与入射的电磁波平均功率密度之比。即：

$$\sigma_{sc} = \frac{P_{sc}}{P_{in}} \qquad (2.36)$$

所以，消光截面 σ_{ex} 可以表示为：

$$\sigma_{ex} = \sigma_{ab} + \sigma_{sc} \qquad (2.37)$$

消光系数的定义是：利用 Lambert-Beer 定律，吸光度 A 有如下关系：

$$A = \varepsilon_{ex} Cl \qquad (2.38)$$

式中　ε_{ex}——消光系数；

C——摩尔浓度；

l——吸收光程。

对于 PbSe 量子点材料，两者的关系是[104]：

$$\sigma_{ex} = \frac{\varepsilon_{ex}}{N_A} \ln 10 = 3.825 \times 10^{-24} \varepsilon_{ex} \qquad (2.39)$$

由此可见，只要得到消光系数，就可以得到量子点的消光截面。

量子点溶解在有机溶剂中，粒子浓度较低，因此忽略粒子间相互作用以及多重散射的影响。在入射电磁波的作用下，量子点可以被视为电偶极子，发生强迫振动，从而产生对电磁波的散射和吸收[111]。

设量子点的相对介电常数是 ε_1，磁导率是 μ_1，电极化率是 χ；溶剂的相对介电常数是 ε，磁导率是 μ。于是得到量子点的电极化强度：

$$\vec{p} = \varepsilon_0 \chi \vec{E} \qquad (2.40)$$

式中　E——入射到量子点上的电磁波的电场强度；

ε_0——真空中介电常数。

在球坐标系下，取 $\vec{p}$ 的方向为极轴 z 的方向。在角频率为 ω 的电磁波作用下，量子点（可视为电偶极子）作强迫振动，则散射电磁波的电场强度和磁场强度分别是[112]：

$$\vec{E}_{sc} = -\frac{\omega^2 \mu p \sin\theta}{4\pi r} e^{ikr} \vec{e}_\theta \qquad (2.41)$$

$$\vec{H}_{sc} = \sqrt{\frac{\varepsilon_0 \varepsilon}{\mu}} E_{sc} \vec{e}_\varphi \qquad (2.42)$$

式中 $\vec{e}_\theta$，$\vec{e}_\varphi$——单位角矢量；

k——电磁波在溶剂中的波数，$k = \omega\sqrt{\varepsilon_0 \varepsilon \mu}$。

所以，散射电磁波的时间平均功率是：

$$\begin{aligned}
\vec{P}_{sc} &= \frac{1}{2} Re\left[\oint_S (\vec{E} \times \vec{H}) \cdot d\vec{S}\right] \\
&= \frac{1}{2} \int_0^\pi \int_0^{2\pi} \sqrt{\frac{\varepsilon_0 \varepsilon}{\mu}} \frac{\omega^4 \mu^2 \varepsilon_0^2 |\chi|^2 |E|^2 \sin^2\theta}{16\pi^2} \sin\theta d\theta d\varphi \\
&= \frac{\omega^4 \mu^2 \varepsilon_0^2 |\chi|^2}{12\pi^2} \sqrt{\frac{\varepsilon_0 \varepsilon}{\mu}} |E|^2 \qquad (2.43)
\end{aligned}$$

这里，积分面积 S 遍及量子点的球面。注意到，入射电磁波的时间平均功率是：

$$P_{in} = \frac{1}{2} \sqrt{\frac{\varepsilon_0 \varepsilon}{\mu}} |E|^2 \qquad (2.44)$$

根据式（2.36）得到散射截面是：

$$\sigma_{sc}^e = \frac{\varepsilon^2 k^4 |\chi|^2}{6\pi} \qquad (2.45)$$

量子点对于电磁波的吸收来自于两个方面：一是弛豫效应引起的介电损耗；二是电阻引起的涡流损耗。根据电磁波理论，引入量子点介电常数的虚部来表示这个损耗[113]。

假设量子点的相对介电常数的实部是 ε_1'，虚部是 ε_1''，则：

$$\varepsilon_1 = \varepsilon_0(\varepsilon_1' + i\varepsilon_1'') = \varepsilon_0 \varepsilon_1' + i\frac{\sigma_e}{\omega} \qquad (2.46)$$

式中 σ_e——量子点的电导率。

于是，量子点对电磁波吸收的时间平均功率是：

$$P_{ab} = \frac{1}{2}Re(\vec{J}^* \cdot \vec{E}) = \frac{1}{2}Re(\sigma_e \cdot |E|^2) = \frac{1}{2}\omega\varepsilon_0\varepsilon_1'' |E|^2 \tag{2.47}$$

比较式（2.44）和式（2.35），得到吸收截面：

$$\sigma_{ab}^e = \omega\sqrt{\varepsilon_0\varepsilon\mu}\frac{\varepsilon_1''}{\varepsilon} = \frac{\varepsilon_1''}{\varepsilon}k \tag{2.48}$$

对于量子点而言，有如下关系：

$$\vec{D} = \varepsilon_0\varepsilon_1\vec{E} = \varepsilon_0\vec{E} + \vec{p} \tag{2.49}$$

将式（2.40）、式（2.46）代上式（2.49），有：

$$\varepsilon_0(\varepsilon_1' + i\varepsilon_1'')\vec{E} = \varepsilon_0(1 + \chi' + \chi'')\vec{E} \tag{2.50}$$

式中　χ'，χ''——量子点电极化率的实部和虚部。

式（2.50）两边比较得出：

$$\varepsilon_1' = \chi'' = \mathrm{Im}(\chi) \tag{2.51}$$

代入式（2.48），得出：

$$\sigma_{ab}^e = \omega\sqrt{\varepsilon_0\varepsilon\mu}\frac{\varepsilon_1''}{\varepsilon} = \frac{k}{\varepsilon}\mathrm{Im}(\chi) \tag{2.52}$$

式中，Im 表示求复数的虚部。

显然，只有电极化率的虚部才对量子点的吸收有贡献。同理，电磁波对于量子点的磁化也会引起类似的损耗。根据电磁理论的对称性，由于量子点的磁化引起的吸收和散射截面与电极化贡献的形式相同。所以，量子点的散射截面和吸收截面是电极化和磁化引起的散射截面和吸收截面之和，即：

$$\sigma_{sc} = \sigma_{sc}^e + \sigma_{sc}^m = \frac{\varepsilon^2 k^4(|\chi_e|^2 + |\chi_m|^2)}{6\pi} \tag{2.53}$$

$$\sigma_{ab} = \sigma_{ab}^e + \sigma_{ab}^m = \frac{k}{\varepsilon}\mathrm{Im}(\chi_e + \chi_m) \tag{2.54}$$

式中，χ_e 和 χ_m 是量子点的电极化率和磁极化率。

对于球形量子点材料，其电极化率和磁化率分别为：[114]

$$\chi_e^i = \frac{v(\varepsilon_1 - \varepsilon)}{\varepsilon + N_i(\varepsilon_1 - \varepsilon)}, \quad i = x, y, z \tag{2.55}$$

$$\chi_m^i = \frac{v(\mu_1 - \mu)}{\mu + N_i(\mu_1 - \mu)}, \quad i = x, y, z \tag{2.56}$$

式中　N_i——3 个主轴方向的退极化因子，是一个椭圆积分；

v——量子点的体积。

代入式（2.53）和式（2.54），有：

$$\sigma_{sc} = \frac{\varepsilon^2 k^4 \sum\limits_{i=x,y,z} (|\chi_e^i|^2 + |\chi_m^i|^2)}{18\pi} \tag{2.57}$$

$$\sigma_{ab} = \frac{k}{3\varepsilon} \sum\limits_{i=x,y,z} \mathrm{Im}(\chi_e^i + \chi_m^i) \tag{2.58}$$

对于球形结构，$N_x = N_y = N_z = 1$。球形量子点的散射、吸收截面表示式是：

$$\sigma_{sc} = \frac{\varepsilon^2 k^4 v^2}{2\pi} \left(\frac{|\varepsilon_1 - \varepsilon|^2}{|\varepsilon_1 + 2\varepsilon|^2} + \frac{|\mu_1 - \mu|^2}{|\mu_1 + 2\mu|^2} \right) \tag{2.59}$$

$$\sigma_{ab} = \frac{3kv}{\varepsilon} \mathrm{Im} \left(\frac{\varepsilon_1 - \varepsilon}{\varepsilon} + \frac{\varepsilon_1 - \varepsilon}{\varepsilon_1 + \varepsilon} + \frac{\mu_1 - \mu}{\mu} + \frac{\mu_1 - \mu}{\mu_1 + \mu} \right) \tag{2.60}$$

显然，对于给定材料的量子点，其消光截面与量子点的尺寸和入射光的波长有关。

以 PbSe 量子点为例[115]：

（1）第一吸收峰位置与量子点尺寸的关系。二者的线性经验公式是：

$$D = \frac{\lambda - 143.75}{281.25} \tag{2.61}$$

式中　D——PbSe 量子点的直径，nm；

　　　　λ——相应尺寸 PbSe 量子点的第一激子吸收峰的波长，nm。

（2）摩尔消光系数的经验公式。根据式（2.38），若选择光通过样品的路径长度是 1cm，通过测量 PbSe 量子点的吸光度 A 和计算量子点的浓度，可以计算 PbSe 量子点的摩尔消光系数 ε_{ex}。PbSe 量子点消光系数随粒子直径变化的函数关系是：

$$\varepsilon_{ex} = 0.03389 D^{2.53801} \tag{2.62}$$

这里，ε_{ex} 单位是 $10^5/(\mathrm{M \cdot cm})$，量子点直径 D 的单位是 nm。

（3）吸收截面的计算公式。

$$\sigma = \frac{\varepsilon}{N_A} \ln 10 = 3.825 \times 10^{-24} \times \varepsilon_{ex} \tag{2.63}$$

2.6　光纤传输理论

2.6.1　描述光纤的重要参量

根据横截面上折射率的径向分布，光纤大致可以分为阶跃型和渐变型

（也称梯度型）光纤两类。阶跃型光纤（SIF）的折射率分布在纤芯与包层的交界面上发生跃变，其一般表达式为：

$$n = \begin{cases} n_1, & 0 \leqslant r \leqslant a \\ n_2, & a < r \leqslant b \end{cases} \quad (n_1 > n_2) \quad\quad (2.64)$$

式中　r——光纤的径向坐标；

　　　a——纤芯半径；

　　　b——包层半径。

纤芯和包层的折射率 n_1 和 n_2 均为常数，在 $r=a$ 处折射率呈阶跃式变化。

渐变型光纤（GIF）的折射率分布从纤芯开始随半径增大而有规律地减小，具有自聚焦性质。其一般表达式为：

$$n(r) = \begin{cases} n_1 \sqrt{1 - 2\Delta f\left(\dfrac{r}{a}\right)}, & 0 \leqslant r \leqslant a \\ n_2, & a < r \leqslant b \end{cases} \quad (n_1 > n_2) \quad\quad (2.65)$$

式中，函数 f 满足 $f(r/a) \leqslant f(1) = 1$，一般可取 $f(r/a) = (r/a)^g$；Δ 为光纤的相对折射率差，与 n_1 和 n_2 有关，$n_2 = n_1 \sqrt{1-2\Delta}$，且 $\Delta \ll 1$；g 为折射率分布参数，它的数值大小决定了折射率曲线的形状，当 $g = \infty$ 时，光纤为阶跃型折射率分布光纤；当 $g = 2$ 时，光纤为平方分布光纤；当 $g = 1$ 时，光纤为三角分布光纤。

用来描述光纤中光传输的几种重要参数如下。

2.6.1.1　光纤模式

光纤模式是光纤传输理论中一种极为重要的特征参数，直观上可以将模式看成光场在光纤横截面上的一种分布图。当光纤中只允许一个模式传输时，即为单模光纤（SMF）；当光纤中允许两个或者更多的模式传输时，则为双模或多模光纤（MMF）。

在光纤中允许存在的模式数目可由式（2.66）估算：

$$M = \frac{g}{2(g + 2)} V^2 \quad\quad (2.66)$$

式中　V——光纤归一化频率；

　　　g——折射率分布参数。

当 V 很大时，光纤中可以传输几十甚至几百个模式；当 V 很小时，则只允许少数几个或单个模式传输。在阶跃光纤中，若 $V<2.405$，则它只能容纳单模，称之为主模或基模。单模光纤和多模光纤的主要区别在于芯径尺寸，单模光纤的芯径约为 $10\mu m$，而多模光纤的芯径约为 $50\mu m$。图 2.4 所示为多模阶跃光纤、多模渐变光纤和单模阶跃光纤的对比图。

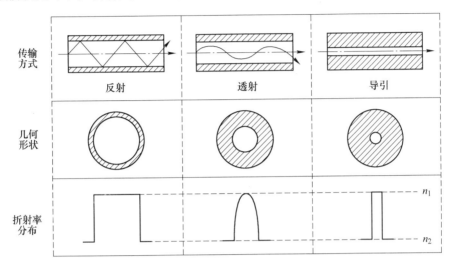

图 2.4　多模阶跃光纤、多模渐变光纤和单模阶跃光纤对比图

2.6.1.2　光纤数值孔径

在光纤中存在着两类光线：子午光线与偏斜光线。对于阶跃型光纤来说，子午光线所对应的数值孔径为：

$$NA_m = \sqrt{n_1^2 - n_2^2} = n_1\sqrt{2\Delta} \qquad (2.67)$$

式（2.67）只与光纤折射率有关，而与光纤几何尺寸无关。

对于渐变型光纤来说，其数值孔径是入射点的径向坐标 r 的函数，把它称为局部数值孔径，表达式为：

$$NA(r) = \sqrt{n^2(r) - n_2^2} \qquad (2.68)$$

在光纤壁处，$n^2(r) = n^2(a) = n_2^2$，有 $NA(a) = 0$；在光纤轴处，$n^2(r) = n^2(0) = n_1^2$，有 $NA_{max} = NA(0) = \sqrt{n_1^2 - n_2^2}$，称为渐变型光纤的标准数值孔径。

2.6.1.3　光纤的相对折射率差

光纤的相对折射率差是指光纤纤芯轴线处折射率与包层折射率的相对差

值，其表达式如下：

$$\Delta = \frac{n_1^2 - n_2^2}{2n_1^2} = \frac{n_1 - n_2}{n_1} \qquad (2.69)$$

它的意义是：Δ 值的大小决定了光纤对光场的约束能力和光纤端面的受光能力。

2.6.1.4　光纤的归一化频率

光纤归一化频率的定义为：

$$V = k_0 a \left(n_1^2 - n_2^2 \right)^{1/2} = \frac{2\pi a}{\lambda} n_1 \sqrt{2\Delta} \qquad (2.70)$$

式中　a——光纤的纤芯半径；

k_0——真空中的光波波数，$k_0 = 2\pi/\lambda$；

λ——波长。

它的意义是：V 值的大小决定了光纤中能容纳的模式数量（由式（2.65）可知）。从式（2.70）可以看出，当波长 λ 和折射率确定之后，光纤中允许传输的模式数目与光纤的纤芯半径 a 有关。因此，多模光纤的芯径较粗，而单模光纤的纤芯较细，模式数量与入射波长 λ 有关。

2.6.2　光纤的光学特性

光纤的传输特性在光纤光学发展中占有举足轻重的地位，传输特性主要包括光纤损耗和光纤色散，它们在光纤通信、光纤非线性效应、光纤传感的研究中具有很重要的意义。

2.6.2.1　光纤的损耗

功率传输损耗是光纤中最重要的参数之一。光波在光纤中传输时，光功率将随着传输距离的增加而以指数形式衰减，即：

$$P(z) = P(0)\exp(-\alpha z) \qquad (2.71)$$

式中　$P(0)$——输入功率；

$P(z)$——光波在光纤中传输 z 距离以后的输出功率；

α——光纤的光功率损耗系数，km^{-1}。

在实际应用中，我们通常以"分贝（dB）"为单位来表示光纤中的功率损耗，定义为单位长度光纤中的功率衰减分贝数，α_{dB}由式（2.72）决定：

$$\alpha_{dB} = -\frac{10}{z}\log\left(\frac{P(z)}{P(0)}\right) \approx 4.343\alpha(dB/km) \tag{2.72}$$

值得注意的是，光纤的损耗与光纤中传输的光波波长密切相关。

光纤损耗主要是由光纤中的光吸收、散射和弯曲损耗引起的。

（1）吸收损耗。吸收损耗是指由于光纤材料的量子跃迁，使得光功率转换成热量而引起的光功率损耗，它包括基质材料的本征吸收、杂质吸收和原子缺陷吸收。

（2）散射损耗。散射损耗是指光纤材料中由于某种远小于波长的不均匀性（如折射率、掺杂粒子浓度不均匀等）引起光的散射造成的光功率损耗。其中，在小信号功率传输时，最基本的散射过程是"瑞利散射"。瑞利散射是一种基本损耗机理，其特征是散射光强反比于光波长的四次方，即：

$$\alpha_R = \frac{C}{\lambda^4}(dB/km) \tag{2.73}$$

式中 C——瑞利散射损耗常数，一般 $C = 0.7 \sim 0.9(dB/km)\mu m^4$。

在 1.55μm 处，光纤的理论极限损耗为 0.12~0.15dB/km。

（3）弯曲损耗。弯曲损耗主要因来自涂覆层材料与石英光纤的线膨胀系数不同，导致产生曲率半径较小的微小弯曲，从而引起光功率损耗。当曲率半径大于几个厘米时，其引起的光纤弯曲损耗可以忽略不计。多模光纤的弯曲损耗是指由于光纤的弯曲，使一部分高阶模从光纤纤芯中辐射出去所引起的损耗，该损耗随着曲率半径的减小而呈指数增大；单模光纤的弯曲损耗是指基模LP_{01}模的功率泄漏引起的损耗。弯曲损耗可由式（2.74）表示：

$$\alpha_b = Ae^{-BR} \tag{2.74}$$

式中 α_b——光纤弯曲损耗系数；

R——弯曲光纤的曲率半径；

A，B——待定常数，均与光纤直径 d、包层直径 D、相对折射率差 Δ 有关。

2.6.2.2 光纤的色散

光纤的色散是指由于光波脉冲的不同频率成分的传输速度（群速度）不同导致的脉冲展宽。在多模光纤中存在三种色散：材料色散、波导色散和模间色散。对于单模光纤，还存在偏振色散。

　　光纤在特定波长上的色散值，一般定义为该波长上单位长度光纤的传输时延随波长（或频率）的变化率，即：

$$D(\lambda_0) = \frac{d\tau(\lambda)}{d\lambda}\Big|_{\lambda=\lambda_0} \tag{2.75}$$

式中　$\tau(\lambda)$——波长为 λ 的光波通过单位长度光纤所经历的时间延迟，ps/km；

　　　　D——色散，单位通常为 ps/（km·nm）。

　　对于准单色波，若折射率 n 与角频率 ω 无关（即无色散），则相位的传输速度（即相速）为：

$$V_\varphi = \frac{dz}{dt} = \frac{\omega}{k} = \frac{c}{n} \tag{2.76}$$

式中，波数 $k = n\cdot(2\pi/\lambda_0) = n\cdot\omega/c$，$c$ 为真空中光速。

　　当介质有色散时，$n = n(\omega)$，则波群的传输速度（群速）为：

$$V_g = \frac{dz}{dt} = \frac{d\omega}{dk} = \frac{d}{dk}\left(\frac{c}{n}k\right) = \frac{c}{n} + k\frac{d}{dk}\left(\frac{c}{n}\right) \tag{2.77}$$

于是得到相速与群速的关系式为：

$$V_g = V_\varphi + k\frac{dV_\varphi}{dk} \tag{2.78}$$

由式（2.78）可知，当介质无色散时（如在准单色波的条件下），光波的相速与群速相等。对于正常色散的介质，折射率 n 随频率（或波数）的增加而增加，故相速 $c/n(\omega)$ 随频率的增加而减小，即 $dV_\varphi/dk<0$，所以群速比相速小。

　　在上述三种色散中，模间色散较大，起主导作用；波导色散和材料色散相对较小，它们都与光纤中传输的光波谱线的宽度成正比，即与所使用的光源光谱宽度成正比。在单模光纤中，模式色散占主要地位。

2.6.3　单模光纤的模场分析

　　当阶跃折射率分布的光纤满足弱导近似条件时，基模场分布可表示为[116]：

$$E_{y(x)} = \frac{1}{n_1}\sqrt{\frac{\mu_0}{\varepsilon_0}}H_{x(y)} = E_0 \cdot \begin{cases} \dfrac{J_0\left(\dfrac{U\cdot r}{a}\right)}{J_0(U)} & (0 \leqslant r \leqslant a) \\[4mm] \dfrac{K_0\left(\dfrac{W\cdot r}{a}\right)}{K_0(W)} & (r > a) \end{cases} \tag{2.79a}$$

$$E_z = -\frac{iE_0}{k_0 a n_1}\binom{\sin\theta}{\cos\theta} \cdot \begin{cases} \dfrac{UJ_1\left(\dfrac{U \cdot r}{a}\right)}{J_0(U)} & (0 \leqslant r \leqslant a) \\[4mm] \dfrac{WK_1\left(\dfrac{W \cdot r}{a}\right)}{K_0(W)} & (r > a) \end{cases} \qquad (2.79\mathrm{b})$$

$$H_z = -\frac{iE_0}{k_0 a}\sqrt{\frac{\varepsilon_0}{\mu_0}}\binom{\cos\theta}{\sin\theta} \cdot \begin{cases} \dfrac{UJ_1\left(\dfrac{U \cdot r}{a}\right)}{J_0(U)} & (0 \leqslant r \leqslant a) \\[4mm] \dfrac{WK_1\left(\dfrac{W \cdot r}{a}\right)}{K_0(W)} & (r > a) \end{cases} \qquad (2.79\mathrm{c})$$

上面的 U、W 必须同时满足如下归一化频率和基模本征值方程:

$$V^2 = U^2 + W^2 \qquad (2.80)$$

$$U\frac{J_1(U)}{J_0(U)} = W\frac{K_1(W)}{K_0(W)} \qquad (2.81)$$

最后得到:

$$E_0 = \frac{U}{V} \cdot \frac{K_0(W)}{K_1(W)} \cdot \sqrt{\frac{2\sqrt{\mu_0}}{\pi a^2 n_1 \sqrt{\varepsilon_0}}} = \frac{W}{V} \cdot \frac{J_0(U)}{J_1(U)} \cdot \sqrt{\frac{2\sqrt{\mu_0}}{\pi a^2 n_1 \sqrt{\varepsilon_0}}} \quad (2.82)$$

其中,$W \approx 1.1428V - 0.9960$,$U^2 = V^2 - W^2$,$V$ 是归一化频率,由式(2.70)决定,J_0 和 J_1 分别是零阶和一阶贝塞尔函数。

2.7 本章小结

本章主要介绍了与作者研究工作相关的理论基础与计算方法,包括二能级系统的三种跃迁,即自发跃迁、受激吸收和受激辐射以及爱因斯坦系数之间的关系;详细介绍了 PbSe 量子点理论基础,包括发光原理、激子的能级结构、能级结构计算、消光系数;阐述了 CuInS$_2$/ZnS 量子点理论基础,包括发光原理和相关参数;最后介绍了光纤的传输理论,包括描述光纤的重要参量、光纤的光学特性、单模光纤的模场分布等,其目的是为后续的量子点掺杂光纤的理论建模打下基础。

3 量子点的合成与表征

随着合成技术的进一步发展与完善，量子点材料的合成经历了一个从低量子产率到高量子产率，从可见荧光光谱（Cd 族量子点）到红外荧光光谱（Pb 族量子点），从单核的量子点到核壳型的量子点的发展历程。与 Cd 族量子点材料相比较，Pb 族量子点材料的合成要稍稍晚一些，相关的研究报道开始于 2001~2003 年[35,117~119]。合成方法包括溶胶凝胶法[120]、微乳液法[121]、模板法、水热法和溶剂热法[122,123]、水相法[124]、金属有机化合物热分解法、两相法和沉淀法等。胶体化学法合成的 PbSe 量子点与其他的量子点的合成方法相比较，具有单分散性好、粒径分布窄（偏差小于 5%）、荧光效率高等优点，因此胶体化学法成为被较多采用的量子点的合成方法。本章采用胶体化学法合成几种不同尺寸的胶体 PbSe 量子点和 $CuInS_2$/ZnS 核壳型量子点材料，并对其进行表征与分析。

3.1 量子点的合成方法

量子点可以由水相或者有机相反应制备而成，两者各有优缺点。有机相合成的量子点，其产物质量好、稳定性好，且荧光量子产率高，保存时间久，便于后期处理，用于合成核壳量子点也较为方便；但是这种方法的合成条件比较苛刻，一般需要无水无氧环境，所用的原料也昂贵。相比之下，水相合成的量子点的反应条件较容易达成，用水溶液即可制备，合成的量子点溶于水；但其荧光量子产率要比油相合成法低，不利于进行核壳量子点的制备，稳定性较差。

3.1.1 溶胶凝胶法[120]

溶胶凝胶法属于湿化学方法的一种，首先用易水解的金属化合物与水经过水解、缩聚等反应与特定的溶剂形成溶胶；然后将溶胶凝胶化，通过干燥烧结的方法得到量子点。这种方法需要的原料一般为无机盐、金属醇盐等，反应所需的温度较低，产物纯度高、成分均匀。

3.1.2　微乳液法[121]

微乳液法又叫反相胶束法，用表面活性剂将两种互不相溶的溶剂的混合形成微乳液，其成分一般为有机溶剂、助表面活性剂、表面活性剂、水，这种反胶束结构的微乳液是量子点生长的微反应容器，在水相中加入金属盐时，会与沉淀剂发生作用，从而在水核内形成量子点。此法制备的量子点尺寸可控、单分散性好、尺寸均一；但是，由于反应温度低、量子点结晶度低，导致内部缺陷多，影响发光效率。

3.1.3　模板法

按合成原理来说，微乳液法也是模板法的一种，这种方法原理比较简单，先设计一个尺寸为纳米级的"笼子"，量子点的成核和生长都在这个笼子中进行，充分反应后，由于受到"笼子"的尺寸和形状的限制，量子点的形貌也变得可控。因此，实验装置简单、操作容易，但是这种模板的制作比较困难，较适合一些特定形态的量子点的制备。

3.1.4　水热法和溶剂热法[122,123]

水热法和溶剂热法都需要在密闭的容器中按照特定的温度和压力进行，不同的是，前者溶剂是水，后者溶剂是有机化合物。溶剂热法是先将有机化合物密闭于聚四氟乙烯的衬里内，再密封于高压釜内，反应温度高于有机溶剂的沸点且不用搅拌。

3.1.5　水相法[124]

水相合成法是以水为溶剂，巯基化合物为稳定剂，有机金属盐作为原料进行的水溶性量子点的一种合成方法[125]。1993 年以水为溶剂首次合成了性能较为稳定的 CdTe 纳米晶，A. L. Rogach 和 H. Weller 等人较为系统地研究了 CdTe 纳米晶的水相合成法，他们采用巯基化合物作为稳定剂，采用 Zn^{2+}、Cd^{2+} 或 Hg^+、Te^{2-} 或 Se^{2-} 等离子作为前驱体合成不同的纳米颗粒。在此之后，水相法得到了很快的发展。合成性能稳定且发光范围可覆盖可见光到近红外范围的量子点，如 CdTe、CdTe/CdS、CdSe、ZnSe 等均已成功的合成。图 3.1

所示为采用温和的水相法合成 CdTe 量子点的示意图。

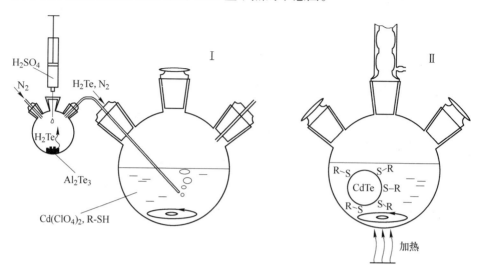

图 3.1　水相法合成 CdTe 量子点的示意图[124]

其他方法还包括金属有机化合物热分解法、两相法、沉淀法等。

3.2　量子点生长动力学

量子点生长时分为快速成核阶段和慢速生长阶段两个过程，这样制备的量子点单分散性较好，尺寸标准偏差可以小于 5%。加热反应所需试剂到一定的温度，迅速注入功能化基团溶液和半导体等材料配位络合，高温溶液会分解掉添加的试剂，通过过饱和反应生成中间产物，在成核过程中，中间产物会逐渐消耗变少，当其浓度减少到临界值时，再增加原料只会在已经生成的核上生长。反应时，通过调节反应温度、生长时间、改变反应试剂的浓度以及选择不同的表面活性剂，可以控制量子点的尺寸。试剂和表面活性剂的浓度比例越大反应初始阶段量子点的核越多，每个量子点生长的原料相对而言就少，因而最终生产的量子点尺寸较小。生长过程中，由于不同的活性剂的化学性质不同，故对量子点生长的影响也不同。表面活性剂一般吸附于量子点表面，相当于一个动态的有机壳，随着量子点尺寸增大壳也增大，起到稳固量子点、调节生长速度的作用。由于有机溶剂紧密包裹量子点，溶液中的材料吸附到核上的速度会变慢，故最终量子点的平均尺寸会减小。此外，在反应中过量添加反应原料，只要添加速度不超过量子点生长消耗原料的速度，就不会有新的核生产，反应会继续进行，控制好加料过程可以使量子点尺寸分布最窄化。合成需要尺寸的量子点后，可通过迅速降温来停止反应进行。量子点表面吸附的官能团会屏蔽中和量子点之间的范德华力，使其稳定地分散在溶液里。

以下参照 Peng 等人的文章来讨论量子点的生长速率[126]，量子点的生长速率可由 Gibbs-Thomson equation 来表示：

$$S_r = S_b \exp\left(\frac{2\sigma V_m}{rRT}\right) \tag{3.1}$$

式中　　　　　　　S_r——量子点的溶解度；

　　　　　　　　　S_b——量子点体材料的溶解度；

σ，V_m，r，R，T——分别代表比表面能，摩尔体积，量子点的半径、气体常数和温度。

若 $\dfrac{2\sigma V_m}{rRT} \ll 1$，速率公式变为：

$$\frac{dr}{dt} = K\left(\frac{1}{r} + \frac{1}{\delta}\right)\left(\frac{1}{r^*} - \frac{1}{r}\right) \tag{3.2}$$

式中　K，δ，r^*——分别代表单体扩散常数、扩散层厚度、某一单体浓度下的临界尺寸，临界尺寸时量子点的溶解度等于溶液中单体的浓度，即生长停止。

此式可由图 3.2 形象表示。

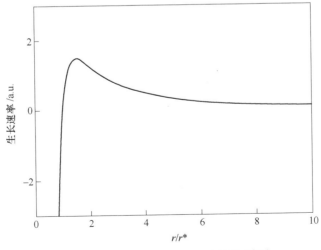

图 3.2　量子点生长速率和尺寸的关系[126]

当 Se-TBP 溶液注入后，迅速与 ODE 中的油酸铅反应成核，成核阶段的动力学较难分析，在初始阶段，量子点核大小不一，尺寸分布较宽，但是，较小的核生长速度快，较大的核生长速度慢，因此会出现一个尺寸分布窄化（focusing of the size distribution）现象。在这个过程中，溶液中的量子点尺寸大于临界尺寸；随后反应进行，量子点越来越大，原料慢慢被量子点的生长消耗，导致动态的临界尺寸增大，直到大于量子点的平均尺寸时，小于这个尺寸的量子点就会渐渐溶解消失，而大于这个尺寸的量子点会继续生长变大，这是一个量子点尺寸的宽化过程，亦被称为 Ostwald ripening。因此，量子点成核后会经过尺寸窄化和宽化两个过程，如图 3.3 所示，是类 "U" 形过程。

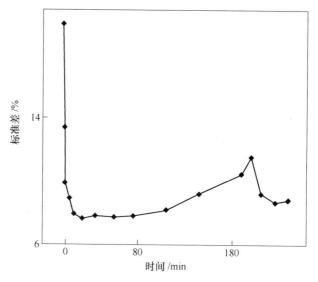

图 3.3　量子点生长速率图[126]

3.3　PbSe 量子点的合成

3.3.1　合成环境与设备

如图 3.4 所示是实验用的手套箱，箱内 O_2 含量和 H_2O 含量均小于 0.1×10^{-6}。为了防止材料被氧化，PbSe 量子点溶液合成前的溶液配制和合成后的材料处理、保存等以及 PbSe 量子点液芯光纤的制作和封装都是在手套箱内进行的。

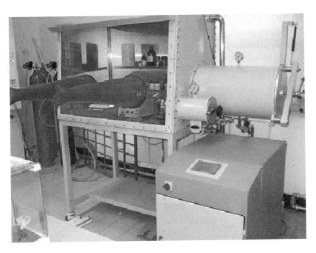

图 3.4　实验用手套箱

　　如图 3.5 所示是用来合成 PbSe 量子点的希莱克（Schlenk）系统。其中有两条管道，它们的作用分别是用于提供真空和惰性气体条件，并且通过一个特殊的活塞实现切换。两条管道都与反应瓶相连接。配置的其他设备有磁力搅拌器、加热套、控温表和热电偶等。

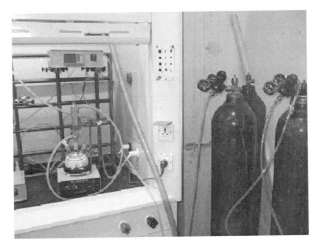

图 3.5　Schlenk 系统

　　如图 3.6 所示是三口瓶的结构示意图，PbSe 量子点的合成过程就是在这个装置中进行的。

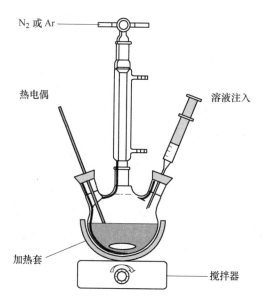

N₂ 或 Ar

热电偶

溶液注入

加热套

搅拌器

图 3.6　化学反应瓶（三口瓶）结构示意图[39]

3.3.2　合成需要的原料

采用非配位性溶剂（油酸、十八烯等）合成 PbSe 量子点，这些非配位性溶剂不但价格低廉而且绿色安全，可以用来替代价格昂贵且毒性较强的 TOPO、TOP 等。非配位性溶剂能够有效地应用在各种材料的高质量半导体量子点的合成过程中[47,127~129]，合成 PbSe 量子点使用的试剂和材料见表 3.1。

表 3.1　合成 PbSe 量子点使用的试剂和材料

试剂名称	化学式或缩写	纯度/%	购买厂家
氧化铅	PbO	99.99	Aldrich
硒粉	Selenium power	99.99	Aldrich
磷酸三丁酯	TBP	97	Aldrich
油酸	OA	90	Aldrich
十八烯	ODE	90	Aldrich

需要使用的溶剂包括丙酮、氯仿、甲醇、正己烷、甲苯以及四氯乙烯等。

3.3.3　合成过程

将 0.892g PbO（4.000mmol）、2.260g OA（8.000mmol）和 12.848g ODE

装入三口瓶中，在氮气保护的环境下，把混合溶液加热直到220℃，待 PbO 全部溶解，溶液变至无色，再降温到180℃并保持稳定；在手套箱中配置质量比为 10% 的 Se-TBP 溶液，取出 6.4g 迅速注入到快速搅拌的反应溶液中，此时温度迅速下降并保持在148℃，在这个温度下让量子点生长 4min，然后迅速注入过量的室温甲苯溶液，将反应扑灭。使用氯仿-甲醇萃取，并用丙酮沉积，将 PbSe 量子点纯化[47,130~132]，然后把纯化过的 PbSe 量子点溶解到四氯乙烯或者甲苯中，进行下一步的光谱测试。

3.4 CuInS₂/ZnS 核壳量子点的合成

由于 CuInS₂ 量子点比表面积非常高，因此量子点表面势必存在很多表面缺陷。为了有效钝化这些表面缺陷、提高量子点的稳定性和提升量子点发光性能，选择宽带隙的无机 ZnS 材料对其进行壳层包覆。选择无机 ZnS 材料的原因是：（1）禁带宽度较宽，为 3.7eV，能有效地将电子和空穴限域在核内；（2）具有较高的化学稳定性，能对 CuInS₂ 量子点进行长期的物理包覆；（3）无机 ZnS 材料是一种环保材料，没有任何毒性，符合可持续发展的要求；（4）与 CuInS₂ 量子点具有相似的晶格结构，晶格失配率为 2.2%。包覆 ZnS 后可以有效钝化量子点表面的悬空键，并减少表面缺陷态引起的非辐射复合，从而提高量子点的荧光量子产率等荧光性能。包覆宽带隙无机壳层 ZnS 后得到 CuInS₂/ZnS 量子点的量子产率超过 80%，具有优异的光电性质，符合照明下转换材料的要求[125]。目前，合成 CuInS₂ 量子点的方法主要有溶剂热法、单一前驱体分解法、光化学分解法和热注入法等，但是这些方法并不能大批量生产 CuInS₂ 量子点，而且在制备过程中会产生大量废弃溶剂，导致材料成本偏高。本研究通过高温热分解法，大批量合成了 CuInS₂/ZnS 核壳量子点。

3.4.1 仪器与试剂

如图 3.7 所示是用于合成 CuInS₂/ZnS 量子点的希莱克（Schlenk）系统。其中有两条管道，它们的作用分别用于提供真空和惰性气体条件，并且通过一个特殊的活塞实现切换。两条管道都与反应瓶相连接。配置的其他设备有磁力搅拌器、加热套、控温表和热电偶等。另外，还有高速离心机、电子天平、超声波清洗机、紫外可见分光光度计（如图 3.8 所示）、透射电镜（TEM）等。

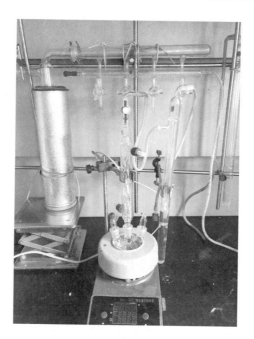

图 3.7　Schlenk 系统

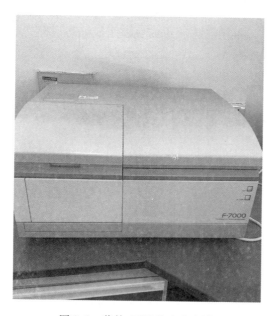

图 3.8　紫外-可见分光光度计

合成需要的试剂和材料见表 3.2。

表 3.2　合成 CuInS$_2$/ZnS 量子点所用到的试剂和材料

试剂名称	化学式或缩写	纯度/%	购买厂家
碘化亚铜	CuI	99.999	Aldrich
醋酸铟	In(CH$_3$COO)$_3$	99.99	Aldrich
醋酸锌	Zn(CH$_3$COO)$_2$	99.99	Aldrich
正十二硫醇	DDT	98	Aldrich
油酸	OA	90	Aldrich
十八烯	ODE	90	Aldrich

需要使用的溶剂包括丙酮、乙醇、正己烷、甲苯等。

3.4.2　实验方法

（1）CuInS$_2$裸核量子点的制备。CuInS$_2$裸核量子点的制备参照过去已报道的方法。首先，将114mg（0.6mmol）碘化亚铜、175.6mg（0.6mmol）醋酸铟和6mL正十二硫醇混合加入到25mL的三颈瓶中。将反应混合液持续搅拌，并在氮气保护下除瓦斯10min，反复三次，然后将反应液加热到140℃，直到溶液变得透明澄清。将反应液温度升高到205℃并保持15min，制得CuInS$_2$裸核量子点。

（2）CuInS$_2$/ZnS 核/壳量子点的制备。锌前驱体通过以下方法制备：将960mg醋酸锌、4mL油酸和15mL正十二硫醇混合加入到25mL的三颈瓶中，在氮气保护下加热到100℃，直到溶液变得澄清。然后以已经制备的裸核量子点母液为反应液，将其降温至100℃后，将960mg醋酸锌、4mL油酸和15mL正十二硫醇构成的混合溶液逐滴加入到上述裸核量子点母液中，保持持续搅拌，并将其加热到215℃，通过控制反应时间得到具有不同厚度ZnS壳层的CuInS$_2$/ZnS 核/壳量子点。将反应液用氯仿稀释，然后加入丙酮沉淀，离心分离以去除未反应的前驱体，此过程重复三次，即可得到目标产物，样品溶于氯仿中待进一步的实验和表征。

3.5　量子点的表征

量子点的表征主要包括采用 TEM 分析反映量子点的尺寸和单分散性；采用 XRD 分析反映 PbSe 量子点的晶体结构；测量 PbSe 量子点的吸收光谱和 PL 光谱，来反映它的禁带宽度和发光性质，判断其 PL 量子产额。如图 3.9 所示是合成的 PbSe 量子点溶液和 CuInS$_2$/ZnS 量子点溶液的照片。

(a)　　　　　　　　　　　(b)

图 3.9　合成的 PbSe 量子点溶液照片（a）以及合成的 CuInS$_2$/ZnS 量子点溶液照片（b）

3.5.1　TEM 分析

用 TEM（透射电子显微镜，Transmission Electron Microscopy，JEOL Fas TEM-2010）分析样品的形貌特征。透射电镜拥有普通光学显微镜无法达到的高分辨率，一般为 0.1~0.2nm，放大倍数能够达到近百万倍。TEM 分析的原理是将电子束投射到很薄（约 50nm）的样品上，加速的电子与样品原子发生碰撞而产生散射，于是形成明暗不同的图像。在手套箱中，将合成好的 PbSe 量子点溶解在正己烷溶剂后，将其稀释到适当的浓度，滴在覆有碳膜的铜网上，待其挥发完毕后，用 TEM 进行测量，得到如图 3.10（a）所示的 PbSe 量子点 TEM 图。合成的 PbSe 量子点材料的直径约为 4.4nm，尺寸比较均一，从图中可以看到为近似球形结构。如图 3.10（b）所示为 CuInS$_2$/ZnS 核壳量子点的 TEM 图。合成的 CuInS$_2$/ZnS 量子点材料的直径约为 3.8nm。

3.5.2　XRD 分析

用 XRD（仪器：computerized GE-XRD-5 diffractometer）测量得到合成材料的组分、内部原子结构和晶体形态等参数。把胶体 PbSe 量子点分离出量子点粉末，再与 KBr 粉末混合并充分研磨，之后将量子点粉末压在硅片上，制成 XRD 分析样本。图 3.11 所示为直径 5.9nm PbSe 量子点的 XRD 图谱。它显示出明显的体岩盐对称结构。

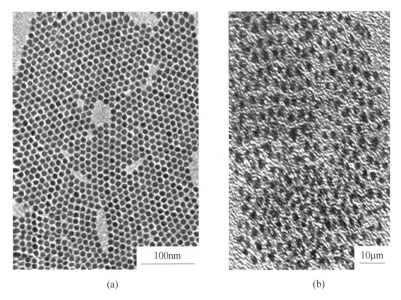

(a)   (b)

图 3.10 4.4nm PbSe 半导体量子点的 TEM 图（a）和

3.8nm CuInS$_2$/ZnS 半导体量子点的 TEM 图（b）

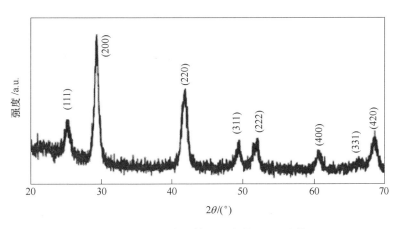

图 3.11 PbSe 半导体量子点的 XRD 图谱

3.5.3 Abs 与 PL 光谱

利用紫外-可见-近红外吸收光谱仪（UV-vis-nir absorption spectrometer，Shimadzu UV-3600）测量样品的吸收（absorption，简写为 Abs）光谱；用荧光光谱仪（photoluminescence spectrophotometer，Zolix Omni-λ3007）测量样品的荧光光谱。如图 3.12 所示是所使用的荧光光谱测量系统。将量子点溶解在四

氯乙烯溶剂中，再装入比色皿中进行吸收光谱和荧光光谱的测量。

图 3.12 荧光光谱测量系统

图 3.13（a）所示为 4 种不同尺寸 PbSe 量子点的 Abs 光谱，图 3.13（b）所示为相应尺寸的 PL 光谱。显然，PbSe 量子点的第一激子吸收峰具有明显的尺寸依赖性质，随着量子点尺寸的增大，吸收峰红移。往短波方向的吸收谱线是连续的，而且在逐渐增强。测得的吸收光谱半峰宽（FWHM）大约为120nm（以 4.4nm PbSe 量子点为例）。可以通过吸收光谱得到 PbSe 量子点的一些参数和特征，如由第一激子吸收峰波长可以计算 PbSe 量子点的直径，由

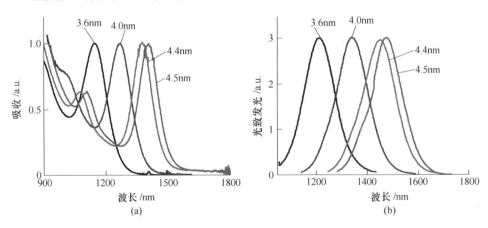

图 3.13 不同尺寸 PbSe 量子点的 Abs 光谱（a）和 PL 光谱（b）

（曲线从左到右表示量子点尺寸逐渐增大）

吸收值可以计算 PbSe 量子点的浓度等。吸收谱 FWHM 反映样品的尺寸分布是否均一，尺寸分布越均一，吸收光谱和荧光光谱的 FWHM 也就越小。由于 PbSe 量子点具有大的玻尔半径（46nm）、小的体材料禁带宽度（0.28eV），导致尺寸受限效应更加明显。PbSe 量子点的 PL 光谱峰值位置也是随量子点尺寸的增大而产生红移，所测得的半峰宽（FWHM）大约为 149nm（以 4.4nmPbSe 量子点为例）。

如图 3.14 所示为 3.6nmPbSe 量子点的 Abs 光谱和 PL 光谱。由图 3.14 可知，吸收光谱的峰值波长位置是 1147nm（FWHM 是 159nm）；荧光发射光谱的峰值波长位置是 1212nm（FWHM 是 142nm）。另外，PbSe 量子点的 Abs 和 PL 光谱之间有一个 65nm 的相对位移，称为 Stokes 位移[133]。Stokes 位移的产生原因包括量子点尺寸分布的影响[134]、电子与空穴之间的库仑相互作用[135]，以及 Franck-Condon 效应[136]。其中，后面这种效应的贡献是最主要的[137~141]。

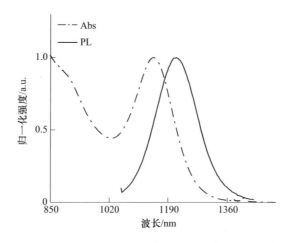

图 3.14　3.6nm PbSe 量子点的 Abs 光谱和 PL 光谱

利用 PbSe 量子点的 Abs 光谱和 PL 光谱，可以测量荧光量子产额（Photo-luminescence Quantum Yield，PLQY）。荧光量子产额定义为量子点材料吸光后，它所发射的光子数与所吸收的光子数之比。在计算上，一般会使用参比法来测定量子点的 PLQY。用相同波长的激发光分别激发待测物质和参考物质的稀释溶液，然后测量他们的积分荧光强度和对该激发光的吸光度，最后按照式（3.3）计算待测物质的荧光量子产额[142]：

$$Y_X = Y_S \frac{\Phi_X A_S}{\Phi_S A_X} \tag{3.3}$$

式中　X——量子点；

　　　S——参比染料；

　Y_X，Y_S——分别表示量子点样品和参考染料的荧光量子产额；

　Φ_X，Φ_S——分别表示量子点样品和参考染料的积分荧光强度；

　A_X，A_S——分别为量子点样品和参考染料对该激发光的吸光度。

在测量过程中，主要吸收峰（例如，量子点的第一激子吸收峰、参考染料的吸收峰）的吸光度都不能大于 0.1，以避免强的再吸收现象产生非线性影响。另外，同一吸光度处对应的波长为量子点和参考染料的激发波长。采用表 3.3 中给出的激发波长，激发量子点样品和参考染料，并获得它们的荧光光谱。通过比较量子点样品和 IR-26 参考染料的 PL 光谱的积分荧光强度，最终获得 PbSe 量子点的 PLQY 约为 89%。

表 3.3　典型近红外染料的相关参数

染料	溶剂	吸收波长 λ_{ab}/nm	辐射波长 λ_{em}/nm	辐射寿命 τ_{em}/ns	量子产额 $QY/\%$
IR 26	dichloroethane	1080	1190	14.4	0.1
Q-Switch5	dichloroethane	1090	1170	2.7×10^{-3}	0.05

如图 3.15 所示为 3.8nm $CuInS_2/ZnS$ 量子点的 Abs 光谱和 PL 光谱。由图 3.15 可知，在 510nm 附近的吸收光谱上有一个不太明显的峰，在 600nm 附近

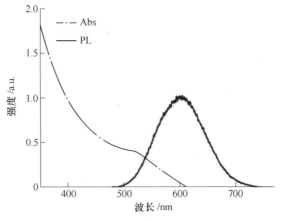

图 3.15　3.8nm $CuInS_2/ZnS$ 量子点的 Abs 光谱和 PL 光谱

有一个明显的 PL 光谱峰。斯托克斯位移大约为 365meV。

3.6 本章小结

本章合成了一系列不同尺寸的 PbSe 量子点并对其进行了 TEM 和 XRD 表征；测量了其吸收和发射光谱，发现随着量子点尺寸的增加，光谱的峰值位置产生红移，证明了量子点禁带宽度是尺寸依赖的，合成的量子点 PL 量子产额为 89%；另外，合成了尺寸为 3.8nm 的 $CuInS_2/ZnS$ 量子点，测量了 TEM、吸收和发光光谱，得到了其斯托克斯位移等。

4 PbSe 量子点光纤光谱的理论模拟

本章从理论上模拟 PbSe 量子点液芯光纤的光谱性质，包括：（1）建立理论模型，此模型既适用于单模光纤，也适用于多模光纤，同时考虑了更多的因素，包括 PbSe 量子点的荧光效率、光纤的损耗、多激子产生所导致的非辐射跃迁的影响等；（2）模拟不同光纤参数对光谱性质的影响，包括对光谱强度和峰值位置的影响；（3）把理论计算结果与法国的 Hreibi 等研究小组的实验数据进行对比，符合得很好，证实了理论模型的准确性与实用性。这项研究可为将来量子点掺杂的多模光纤放大器和传感器的研究奠定理论基础。

4.1 理论模型的建立

在理论计算之前，先简单阐述一下实验框架。首先，将合成好的 PbSe 量子点（直径为 4.4nm）溶于四氯乙烯溶剂中并保存于手套箱中以免被氧化；再将二氧化硅空芯光波导切割成实验所需的长度，把量子点溶液灌装到空芯波导中，两端封装完好。在一侧用一组透镜将激光（532nm）耦合进光纤的液体纤芯中，使纤芯中的 PbSe 量子点被激发并辐射荧光，在光纤另一端用光谱仪接收信号，进行光谱分析。计算基于理想的理论模型，即假设光纤波导很直、量子点的形状为标准的球形、量子点的尺寸均一以及量子点的掺杂浓度均匀。PbSe 量子点由于吸收和辐射而产生的电子空穴跃迁如图 4.1（a）所示。

图中 E_g 表示 PbSe 量子点的禁带宽度，$^1S_e {}^1P_e {}^1S_h {}^1P_h$ 代表最低的几个电子空穴态[143,144]。当 PbSe 量子点吸收一个能量大于 E_g 的光子，基态上的电子就会被激发到激发态，对应的跃迁分别是 ^1S_h-^1S_e（第一激子吸收峰），^1S_h-^1P_e，^1P_h-^1S_e 和 ^1P_h-^1P_e 等。然后电子会自发地回到基态，对应的跃迁为 ^1S_e-^1S_h。这里值得注意的是，尽管 ^1S_h-^1P_e 和 ^1P_h-^1S_e 两种跃迁会获得一些强度，但是仍然比 ^1S_h-^1S_e 和 ^1P_h-^1P_e 这两种跃迁要弱几个数量级[145]。所以，PbSe 量子点的能级结构可以被近似为一个三能级结构，如图 4.1（b）所示。

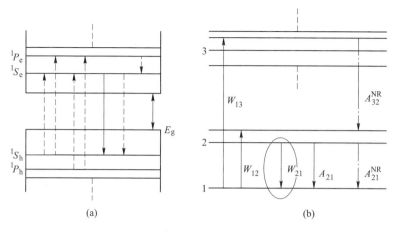

图 4.1　PbSe 量子点的能级结构图（a）和 PbSe 量子点近似的三能级结构示意图（b）

（其中向上的虚线表示吸收；向下的实线表示辐射；向下的虚线表示非辐射跃迁）

能级 1 是基态，能级 2 代表禁带宽度的能量并由两个能级组成，分别代表辐射峰和第一激子吸收峰，能级 3 是更高的一组能级[34,69]。具体的跃迁过程是：当 PbSe 量子点被一个波长很短的光激发（短波的吸收截面比较大），量子点中的电子就会以跃迁几率 W_{12} 和 W_{13} 被激发到能级 2 和能级 3，把这两个几率叫做受激吸收率，能级 1 到能级 2 的跃迁与图 4.1（a）中的 ^1S_h-^1S_e 相对应，相应的吸收峰叫做第一激子吸收峰；能级 1 到能级 3 的跃迁与图 4.1（a）中的 ^1S_h-^1P_e、^1P_h-^1S_e 和 ^1P_h-^1P_e 相对应。被激发到能级 2 上的电子回到基态有两种渠道，一个是以几率 A_{21} 向下跃迁，叫做自发辐射跃迁几率；另一个是以几率 A_{21}^{NR} 向下跃迁，叫做非辐射跃迁几率。这两个跃迁对应着图 4.1（a）中的 ^1S_e-^1S_h。被激发到能级 3 上的电子会以非辐射跃迁几率 A_{32}^{NR} 跃迁到能级 2，对应于图 4.1（a）中的 ^1P_e-^1S_e，然后再以辐射或者非辐射跃迁几率（A_{21} 或者 A_{21}^{NR}）跃迁回到基态。值得注意的是，当 PbSe 量子点溶液灌装到空芯光纤并被连续激光器激发的时候，能级 2 上的电子也可以以受激辐射几率 W_{21} 跃迁回到基态，但是如果想要受激辐射占据主导地位，就必须要产生持续的粒子数反转并且非辐射复合很小。在本书的理论模型中，还是自发辐射占据主导地位。这样，辐射就可以产生并且由于光纤的全反射而在纤芯中传播。这就是 PbSe 量子点液芯光纤中自发辐射光的产生及传输的机理，叫做导向的自发辐射（Guided Spontaneous Emission，GSE）。这里需要特殊说明的是，在高功率的泵浦源的作用下，一个 PbSe 量子点可以产生多个激子，此时在多激子态复合过程中，非辐射跃迁的俄歇复合就会占据主导地位[70,146~150]。以上这些过程都考虑到了理论模型中。

下面从速率方程和功率传播方程入手并且参考图 4.1 （b） 中的跃迁过程进行推导。

三能级系统的速率方程：

$$\frac{\mathrm{d}n_1}{\mathrm{d}t} = -(W_{13} + W_{12})n_1 + (W_{21} + A_{21} + A_{21}^{\mathrm{NR}})n_2 + W_{31}n_3 \qquad (4.1)$$

$$\frac{\mathrm{d}n_2}{\mathrm{d}t} = W_{12}n_1 - (W_{21} + A_{21} + A_{21}^{\mathrm{NR}})n_2 + A_{32}^{\mathrm{NR}}n_3 \qquad (4.2)$$

$$\frac{\mathrm{d}n_3}{\mathrm{d}t} = W_{13}n_1 - (W_{31} + A_{32}^{\mathrm{NR}})n_3 \qquad (4.3)$$

$$n_t = n_1 + n_2 + n_3 \qquad (4.4)$$

式中，n_1、n_2、n_3、n_t 分别是能级 1、2、3 的粒子数密度和三个能级粒子数密度的总和。

各种吸收和跃迁几率在前面已经说明。考虑稳态情况，即 $\mathrm{d}n_i/\mathrm{d}t = 0$，解得稳态粒子数分布方程：

$$n_1 = n_t \frac{\left(1 + W_{21}\tau_{\mathrm{R}} + \dfrac{\tau_{\mathrm{R}}}{\tau_{\mathrm{NR}}}C\right)\left(1 + \dfrac{W_{31}}{A_{32}^{\mathrm{NR}}}\right)}{\left(1 + W_{21}\tau_{\mathrm{R}} + \dfrac{\tau_{\mathrm{R}}}{\tau_{\mathrm{NR}}}C\right)\left(1 + \dfrac{W_{31} + W_{13}}{A_{32}^{\mathrm{NR}}}\right) + W_{12}\tau_{\mathrm{R}}\left(1 + \dfrac{W_{31}}{A_{32}^{\mathrm{NR}}}\right) + W_{13}\tau_{\mathrm{R}}} \qquad (4.5)$$

$$n_1 = n_t \frac{W_{13}\tau_{\mathrm{R}} + W_{12}\tau_{\mathrm{R}}\left(1 + \dfrac{W_{31}}{A_{32}^{\mathrm{NR}}}\right)}{\left(1 + W_{21}\tau_{\mathrm{R}} + \dfrac{\tau_{\mathrm{R}}}{\tau_{\mathrm{NR}}}C\right)\left(1 + \dfrac{W_{31} + W_{13}}{A_{32}^{\mathrm{NR}}}\right) + W_{12}\tau_{\mathrm{R}}\left(1 + \dfrac{W_{31}}{A_{32}^{\mathrm{NR}}}\right) + W_{13}\tau_{\mathrm{R}}} \qquad (4.6)$$

考虑到电子从能级 3 到能级 2 的跃迁时间非常短，所以非辐射跃迁几率要远远大于泵浦率，即 $A_{32}^{\mathrm{NR}} \gg (W_{13}, W_{31})$，一些研究已经报道了能级 3 具有非常短的荧光寿命，即 $\tau_3 = 1/A_{32}^{\mathrm{NR}} \leqslant 6\mathrm{ps}^{[144,151]}$，其中 τ_3 是能级 3 到能级 2 的弛豫时间。所以，能级 3 上的电子会快速跃迁到能级 2 上，从而导致三能级系统简化为二能级系统。所以，方程式 （4.5） 和式 （4.6） 可以写为：

$$n_1 = n_t \frac{\left(1 + W_{21}\tau_R + \frac{\tau_R}{\tau_{NR}}C\right)}{1 + \tau_R\left(W_{21} + W_{12} + W_{13} + \frac{C}{\tau_{NR}}\right)} \tag{4.7}$$

$$n_2 = n_t \frac{(W_{13} + W_{12})\tau_R}{1 + \tau_R\left(W_{21} + W_{12} + W_{13} + \frac{C}{\tau_{NR}}\right)} \tag{4.8}$$

$$n_3 = n_t - n_1 - n_2 \tag{4.9}$$

式中 τ_R——自发辐射寿命，$\tau_R = 1/A_{21}$；

τ_{NR}——非辐射跃迁寿命并且可以写为[143]：$\tau_{NR} = (C_A n_{eh}^2)^{-1}$，其中 n_{eh} 是载流子浓度($n_{eh} = N/V$)，N 是每个量子点产生的激子数目。

$\langle N \rangle = j_p \sigma_a(\nu_p)$，$C_A = \beta_A (D/2)^3$，这里对于 PbSe 量子点材料来说，$\beta_A = 2.69 \mathrm{nm}^3/\mathrm{ps}$，$D$ 是量子点直径，$\sigma_a(\nu_p)$ 是泵浦光的吸收截面，j_p 是泵浦光的能流密度，单位是 photons/cm^2，V 是一个量子点的平均体积，C 是非辐射跃迁和辐射跃迁的比例。

量子点的自发辐射寿命 τ_R 和非辐射跃迁寿命 τ_{NR} 可由式（4.10）进行双 e 指数拟合：

$$I(t) = A_1 \exp\left(-\frac{t}{\tau_R}\right) + A_2 \exp\left(-\frac{t}{\tau_{NR}}\right) \tag{4.10}$$

式（4.7）~式（4.9）即为 PbSe 量子点液芯光纤中的一点上的三个能级的粒子数分布方程，可以看出与各种跃迁几率相关。下面推导跃迁几率与光功率的关系。

光纤沿 z 方向的受激辐射几率 $W_{21}(\nu)$ 与 GSE 强度 $I_{\nu_s}(r, z)$ 成正比：

$$W_{21}(r,z,\nu) = \frac{\lambda_s^3}{8\pi n^2 h \nu_s \tau_R} I_{\nu_s}(r,z) g(\nu_s) \tag{4.11}$$

对频率求和得：

$$W_{21}(r,z) = \sum_{\nu_s = \nu_1}^{\nu_m} \frac{\lambda_s^3}{8\pi n^2 h \nu_s \tau_R} I_{\nu_s}(r,z) g(\nu_s) \tag{4.12}$$

式中 $g(\nu_s)$——线型函数。

$$g(\nu_s) = 8\pi n^2 \tau \sigma_e(\nu_s)/\lambda_s^2 \tag{4.13}$$

将式（4.13）代入到式（4.12），得：

$$W_{21}(r,z) = \sum_{\nu_s=\nu_1}^{\nu_m} \frac{\sigma_e(\nu_s)}{h\nu_s} I_{\nu_s}(r,z) \qquad (4.14)$$

式中 h——普朗克常数；

$\sigma_e(\nu_s)$——频率 ν_s 处的辐射截面。

考虑光波导中光的限制效应，定义归一化的光强分布为：

$$i_{\nu_s}(r) = \frac{I_{\nu_s}(r,z)}{\int_S I_{\nu_s}(r,z,\theta)r\mathrm{d}r\mathrm{d}\theta} \qquad (4.15)$$

得到：

$$I_{\nu_s}(r,z) = P_{\nu_s}(z) \frac{I_{\nu_s}(r,z)}{\int_S I_{\nu_s}(r,z,\theta)r\mathrm{d}r\mathrm{d}\theta} = P_{\nu_s}(z)i_{\nu_s}(r) \qquad (4.16)$$

把式（4.16）代入式（4.14）得：

$$W_{21}(r,z) = \sum_{\nu_s=\nu_1}^{\nu_m} \frac{\sigma_e(\nu_s)}{h\nu_s} P_{\nu_s}(z)i_{\nu_s}(r) \qquad (4.17)$$

同理：

$$W_{12}(r,z) = \sum_{\nu_s=\nu_0}^{\nu_m} \frac{\sigma_a(\nu_s)}{h\nu_s} P_{\nu_s}(z)i_{\nu_s}(r) \qquad (4.18)$$

$$W_{13}(r,z) = \frac{\sigma_a(\nu_p)}{h\nu_p} P_p(z)i_p(r) \qquad (4.19)$$

式中 ν_s，ν_p——GSE 光和泵浦光的频率；

ν_0，ν_1——最小的吸收频率和辐射频率；

ν_m——最大的吸收和辐射频率；

$i_p(r)$——泵浦光的归一化横模强度；

$i_{\nu_s}(r)$——GSE 的归一化横模强度；

$\sigma_a(\nu_s)$，$\sigma_e(\nu_s)$——PbSe 量子点的吸收截面和自发辐射截面，并可以通过 Lambert Beer's law[143] 和 McCumber 理论[152] 求得；

P_{ν_s}，P_p——GSE 功率和泵浦光源的功率。

将式（4.17）~式（4.19）代入式（4.7）、式（4.8）中，可得：

$$n_1 = n_t \cfrac{1 + \sum\limits_{\nu_s = \nu_1}^{\nu_m} \cfrac{\sigma_e(\nu_s)}{h\nu_s} \tau_R i_{\nu_s}(r) P_{\nu_s}(z) + \cfrac{\tau_R}{\tau_{NR}} C}{1 + \tau_R \left[\sum\limits_{\nu_s = \nu_1}^{\nu_m} \cfrac{\sigma_e(\nu_s)}{h\nu_s} i_{\nu_s}(r) P_{\nu_s}(z) + \sum\limits_{\nu_s = \nu_0}^{\nu_m} \cfrac{\sigma_a(\nu_s)}{h\nu_s} i_{\nu_s}(r) P_\nu(z) + \cfrac{\sigma_a(\nu_p)}{h\nu_p} i_{\nu_p}(r) P_p(z) \right] + \cfrac{\tau_R}{\tau_{NR}} C}$$

$$(4.20)$$

$$n_2 = n_t \cfrac{\tau_R \left(\cfrac{\sigma_a(\nu_p)}{h\nu_p} i_{\nu_p}(r) P_p(z) + \sum\limits_{\nu_s = \nu_0}^{\nu_m} \cfrac{\sigma_a(\nu_s)}{h\nu_s} i_{\nu_s}(r) P_{\nu_s}(z) \right)}{1 + \tau_R \left[\sum\limits_{\nu_s = \nu_1}^{\nu_m} \cfrac{\sigma_e(\nu_s)}{h\nu_s} i_{\nu_s}(r) P_{\nu_s}(z) + \sum\limits_{\nu_s = \nu_0}^{\nu_m} \cfrac{\sigma_a(\nu_s)}{h\nu_s} i_{\nu_s}(r) P_{\nu_s}(z) + \cfrac{\sigma_a(\nu_p)}{h\nu_p} i_{\nu_p}(r) P_p(z) \right] + \cfrac{\tau_R}{\tau_{NR}} C}$$

$$(4.21)$$

式（4.20）和式（4.21）即为光纤中某一点（r, z）处的上下能级粒子数与光功率之间的关系。

实际上，式（4.20）和式（4.21）表示的速率方程只考虑到了光纤上某一点的情况，而要研究它们在整根光纤上的变化情况，还需要考虑功率传输方程。强度为 I_s、波长为 λ_s 的自发辐射光束沿光纤传播，通过无穷小长度 dz 时，光强的纵向分布为：

$$\frac{dI_s(r,z,\theta)}{dz} = g I_s(r,z,\theta) \qquad (4.22)$$

式中　g——增益系数，与吸收发射光的能力有关，即与波长 λ_s 处的受激发射截面、受激吸收截面以及上下能级的粒子数有关：

$$\frac{dI_s(r,z,\theta)}{dz} = [\sigma_e(\nu_s) n_2 - \sigma_a(\nu_s) n_1] I_s(r,z,\theta) \qquad (4.23)$$

得到：

$$\frac{dP_s(z)}{dz} = \int [\sigma_e(\nu_s) n_2 - \sigma_a(\nu_s) n_1] I_s(r,z,\theta) r dr d\theta \qquad (4.24)$$

再由式（4.16）得：

$$\frac{dP_s(z)}{dz} = P_s(z) \int [\sigma_e(\nu_s) n_2 - \sigma_a(\nu_s) n_1] i_s(r) 2\pi r dr \qquad (4.25)$$

考虑一些噪声的影响，得到如下公式：

$$\frac{dP_s(z)}{dz} = \sigma_e(\nu_s) \int_0^R i_{\nu_s}(r) n_2(r,z) [P_s(z) + mh\nu_s \Delta\nu_s] 2\pi r dr -$$

$$\sigma_a(\nu_s)\int_0^R i_{\nu_s}(r)n_1(r,z)P_s(z)2\pi r\mathrm{d}r - l_\nu P_s(z) \tag{4.26}$$

$$\frac{\mathrm{d}P_p(z)}{\mathrm{d}z} = -\sigma_a(\nu_p)\int_0^R i_{\nu_p}(r)n_1(r,z)P_p(z)2\pi r\mathrm{d}r - l_\nu P_p(z) \tag{4.27}$$

式中　l_ν——单位长度的光纤损耗;

　　　$\Delta\nu_s$——有效噪声带宽;

　　　m——光纤中传播的模式数;

　　　R——光纤纤芯的半径。

　　式（4.26）右端第一项表示辐射，第二项表示吸收，最后一项表示光纤损耗，包括散射损耗、溶剂吸收和光的泄漏等。

　　将归一化的横模强度 $i_\nu(r)$ 进行改进和简化以便可以适用于多模光纤，推导如下。

　　辐射功率沿着光纤（如图 4.2 所示）径向的分布满足零阶贝塞尔函数并可以写为:

$$P_s(r_j\nu) = \left[\frac{J_0(V_j)}{J_0(V_1)}\right]^2 P_s(r_1) \tag{4.28}$$

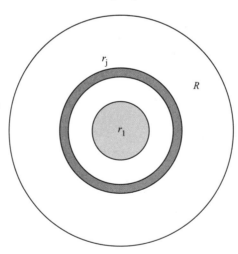

图 4.2　光纤截面示意图

这里 V_j 是归一化频率，表达式为:

$$V_j = \frac{2\pi}{\lambda}\sqrt{n_{\mathrm{core}}^2 - n_{\mathrm{clad}}^2}\,r_j \tag{4.29}$$

式中　n_{core}，n_{clad}——分别为光纤纤芯和包层的折射率。

对方程式（4.28）求积分，得：

$$P_s(\nu) = \int_0^R P_s(r_j, \nu) r dr d\theta = \frac{P_s(r_1)}{[J_0(V_1)]^2} \int_0^R [J_0(V)]^2 r dr d\theta \qquad (4.30)$$

最后，归一化的横模强度分布为：

$$i(r) = \frac{P_s(r_j, \nu)}{P_s(\nu)} = \frac{[J_0(V)]^2}{\int [J_0(V)]^2 r dr d\theta} = \frac{[J_0(V)]^2}{2\pi \int_0^R [J_0(V)]^2 r dr} \qquad (4.31)$$

图4.3所示为贝塞尔函数曲线。

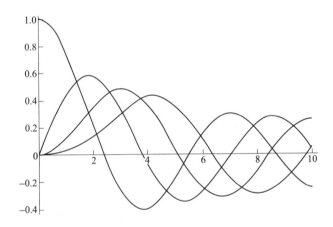

图4.3　贝塞尔函数曲线

利用式（4.13）可以避免光纤的单模限制，从而应用于多模光纤。

最后把式（4.20）和式（4.21）代入方程式（4.26）和式（4.27），就可以得到 GSE 光谱随着不同参数（光纤长度、光纤半径、量子点掺杂浓度和泵浦功率）的演化特征，包括光谱强度和光谱峰值位置等。由于不能得到解析解，只能进行数值计算。在进行数值计算时，首先在光谱范围内把量子点液芯光纤中传播的光分成 k 个区间，带宽为 Δ_{ν_k}，中心波长为 $\lambda_k = c/\nu_k$。先计算出每个频率成分所对应的值，再进行求和或积分等。图4.4所示为利用 Matlab 数值计算的部分程序图，然后将计算得到的数据导入 Origin 进行图形的绘制（如图4.5所示）。

```
 besseljs.m  ×  jifen1.m  ×  jifen2.m  ×  jifen3.m  ×  pum.m  ×  sum1.m  ×  sum2.m  ×  Untitled8.m  ×  w
function s1=sum1(r,p)
M=[1024*10^-9, 1034*10^-9, 1044*10^-9, 1054*10^-9, 1064*10^-9, 1074*10^-9, 1084*10^-9, 1094*10^-9, 1104*10^-9,
   1174*10^-9, 1184*10^-9, 1194*10^-9, 1204*10^-9, 1214*10^-9, 1224*10^-9, 1234*10^-9, 1244*10^-9, 1254*10^-9,
   0.8970, 0.8970, 0.8970, 0.9688, 1.0046, 1.1213, 1.3455, 1.7940, 2.2425, 2.8076, 3.1395, 3.4373, 3.5880, 3.4265, 2.
   0.0359, 0.01794, 3;...
   0.03588, 0.0897, 0.1794, 0.2691, 0.3588, 0.4485, 0.5956, 0.8970, 1.3365, 1.7671, 2.2425, 2.8435, 3.1395, 3.4445, 3.
   0.1435, 0.03588, 0];
h=6.626e-34;
c=3e8;
tr=1.369e-6;
sum=0;
for j=1:26
    V1=2*pi*r./M(1,j)*0.4031;
    J1=1/(2*pi)*(besselj(0,V1))^2/( besseljs(j) );
    y1=10^-8*M(3,j)*M(1,j)*J1*p(j)*tr/(h*c);
    sum=sum+y1;
end
s1=1*10^-20*sum;
end
```

图 4.4 Matlab 数值计算部分程序图

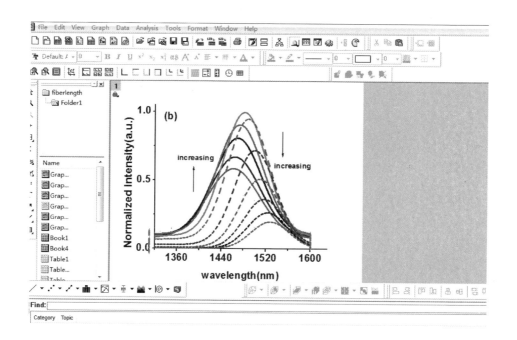

图 4.5 Origin 图形绘制

4.2 光纤长度依赖的辐射光谱

实验测得的 4.4nm 的 PbSe 量子点的吸收与发射光谱如图 4.6 所示，利用

第2章的式（2.61）~式（2.63）可以计算出合成的 PbSe 量子点的峰值吸收截面。再根据图4.6可确定其他频率成分的吸收与辐射截面，从而代入公式进行数值模拟。计算中用到的参数见表4.1。

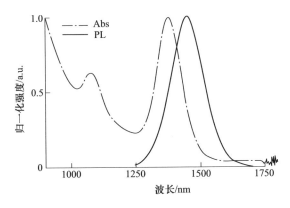

图 4.6 4.4nm PbSe 量子点的 Abs 和 PL 光谱（在 1cm 比色皿中测得）

表 4.1 计算中用到的参数

量子点直径/nm	包层/纤芯的折射率	峰值吸收和发光波长/nm	荧光寿命/μs
4.4	1.45/1.505	1378/1452	0.25

下面给出随着光纤长度（z）的增加，泵浦光的衰减情况以及 PbSe 量子点液芯光纤的辐射光谱性质，如图4.7所示。

图 4.7（a）所示为 GSE 光功率和泵浦光功率随着光纤长度的变化情况，其中胶体 PbSe 量子点的掺杂浓度是 $4 \times 10^{15} \mathrm{QDs/cm^3}$，光纤直径是 $100\mu m$，泵浦功率是 60mW。从图中可以看出，随着光纤长度的增加，泵浦功率逐渐衰减，原因是被光纤中的量子点所吸收；GSE 光功率开始时逐渐增加，当光纤长度增加到 15cm 时，光功率达到最大值，此时泵浦光功率已经接近于零；之后随着光纤长度的继续增加而变小。这样的现象表明，GSE 光功率之所以会存在一个最大值，是因为泵浦光的衰减造成的，没有泵浦光激发量子点，自发辐射不能产生，而之前已经产生的自发辐射也会随着光纤长度的增加而慢慢衰减。

图 4.7（b）所示为在不同光纤长度（5~70cm）时计算得到的辐射光谱，参数的选取与图4.7（a）一样。其中向上的实线箭头表示实线部分从下到上光纤长度增加；向下的虚线箭头表示虚线部分从上到下光纤长度增加。图4.7

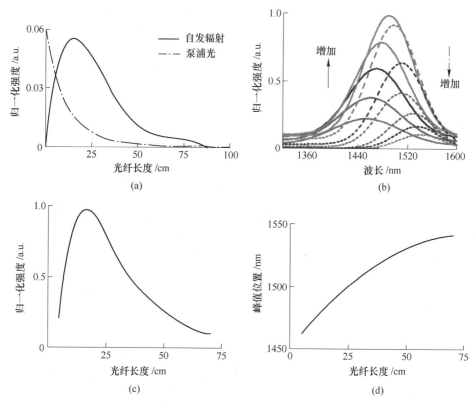

图 4.7　GSE 光功率和泵浦光功率随着光纤长度的变化（a），不同光纤长度（5~70cm）时计算的 GSE 光谱（b）以及光纤长度依赖的归一化的 GSE 光功率和峰值位置（c）和（d）

（其中向上和向下的箭头都表示光纤长度的增加，分别代表 5cm、6cm、8cm、

10cm、15cm、20cm、30cm、40cm、50cm、60cm 和 70cm）

（c）和图 4.7（d）所示为光纤长度依赖的归一化光功率和峰值位置的演化关系，选取的参数同图 4.7（a）。从中可以明显地看出：（1）随着光纤长度的增加，光谱的峰值位置向长波方向移动，即产生红移。（2）当光纤长度从 5cm 增加到 15cm 时，GSE 光功率逐渐增大；当光纤长度继续增加到 70cm 时，GSE 光功率反而逐渐减小，因此产生了最佳的光纤长度，为 15cm。

　　红移产生的原因：从图 4.6 中可以看到，吸收光谱与辐射光谱由于 Stokes 位移的存在而有一部分重叠区，就是说重叠部分内所有的频率成分既可以被 PbSe 量子点吸收，也可以被发射。当 PbSe 量子点灌装到空芯光纤时，由于光波导的限制作用，量子点产生的荧光会被集中在光纤中传播，那么小尺寸的量子点发出的荧光可以被未被激发的相对较大尺寸的量子点吸收（尽管合成的 PbSe 量子点尺寸均一，但是仍然会存在一个 6% 左右的尺寸分布），较大尺寸量子点吸收了能量之后，就会向外辐射一个波长更长的光，这样短波长方向的辐射就会被削弱，因而光纤出射端的光谱相比量子点的光谱就产生了红移，这就是二次吸收—发射效应。随着光纤长度的增加，二次吸收—发射效应更加强烈，因此红移就更大。

最佳光纤长度产生的原因：首先，随着光纤长度的增加，量子点的数目增多，泵浦光的功率足够大，此时产生的自发辐射比较强，但是泵浦光在光纤中是逐渐被吸收的；当光纤长度增加到一定值（在这里是 15cm），泵浦光将被完全吸收，没有了激励源，量子点就不再被激发，上能级粒子数就会减小，所以 GSE 光功率就不会再继续增大。之前产生的光在光纤中传播，光纤长度越长，光的损耗也越多，因此产生了光的衰减。体现在光谱上就是最佳光纤长度的出现。

4.3 光纤直径依赖的辐射光谱

光纤直径的大小（D）是影响光谱特征的重要参数之一。下面是理论模拟的 GSE 光谱随着光纤直径的变化规律，如图 4.8 所示。

图 4.8（a）所示为在不同光纤直径（$10 \sim 100\mu m$）时计算得到的辐射光谱，其中的胶体 PbSe 量子点的掺杂浓度是 $4 \times 10^{15}\,QDs/cm^3$，光纤长度是 15cm，泵浦功率是 60mW。其中向上的实线箭头表示实线部分从下到上光纤直径增加；向下的虚线箭头表示虚线部分从上到下光纤直径增加。图 4.8（b）和图 4.8（c）所示为光纤直径依赖的归一化光功率和峰值位置的演化关系。从中可以明显地看出：（1）随着光纤直径的增加，GSE 光谱的峰值位置向长波方向移动，即产生红移。（2）当光纤直径从 $30\mu m$ 增加到 $60\mu m$ 时，GSE 光功率逐渐增大；当光纤直径继续增加到 $140\mu m$ 时，GSE 光功率反而逐渐减小，因此产生了最佳的光纤直径，为 $60\mu m$。

红移产生的原因：在同样的光纤长度和掺杂浓度情况下，直径大的光纤容纳的 PbSe 量子点个数要比直径小的光纤多，所以导致直径大的光纤内二次吸收-辐射的几率更大，因此红移更为明显。

最佳光纤直径产生的原因：与最佳光纤长度出现的原理相似，当光纤直径增加到一定值时（在这里是 $60\mu m$），就会有足够的量子点把泵浦光完全吸收，没有了激励源，量子点就不再被激发，上能级粒子数就会减小，所以

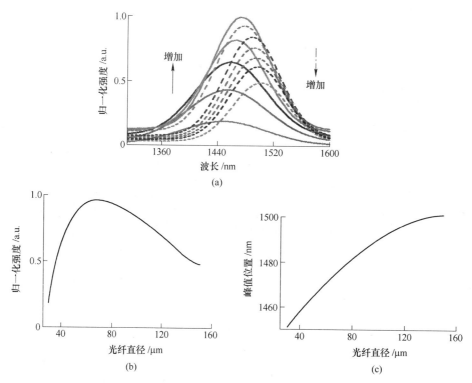

图 4.8　不同光纤直径（10~100μm）时计算的 GSE 光谱（a）

以及光纤直径依赖的归一化的 GSE 光功率和峰值位置（b）和（c）

（其中向上和向下的箭头都表示光纤直径的增加，分别代表 30μm、35μm、40μm、

50μm、60μm、70μm、100μm、110μm、120μm、130μm 和 140μm）

GSE 光功率就不再继续增大。此时光纤直径越大，光的损耗也就越多，这就导致了 GSE 光的衰减，体现在光谱上就是最佳光纤直径的出现。

4.4　掺杂浓度依赖的辐射光谱

PbSe 量子点掺杂浓度（n_t）也是影响 GSE 光谱特征的重要参数之一，下面给出辐射光谱随着掺杂浓度的演化。

图 4.9（a）所示为在不同 PbSe 量子点掺杂浓度（$(1.5\sim10)\times10^{15}\,QDs/cm^3$）时计算得到的辐射光谱，其中的光纤长度是 15cm，光纤直径是 100μm，泵浦功率是 60mW。其中向上的实线箭头表示实线部分从下到上掺杂浓度增加；向下的虚线箭头表示虚线部分从上到下掺杂浓度增加。图 4.9（b）和图 4.9（c）所示为掺杂浓度依赖的归一化光功率和峰值位置的演化关系。从中可以明显地

看出：（1）随着掺杂浓度的增加，光谱的峰值位置向长波方向移动，即产生红移。（2）当量子点掺杂浓度从 1.5×10^{15} QDs/cm^3 增加到 4×10^{15} QDs/cm^3 时，GSE 光功率逐渐增大；当量子点掺杂浓度继续增加到 10×10^{15} QDs/cm^3，GSE 光功率反而逐渐减小，因此产生了最佳的掺杂浓度，为 4×10^{15} QDs/cm^3。

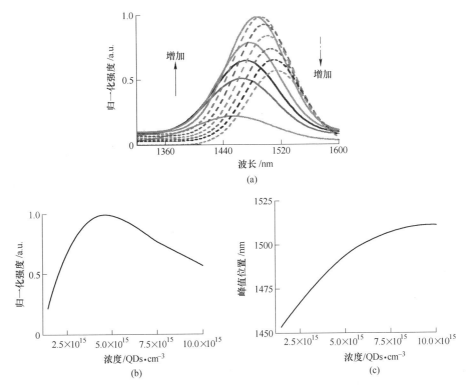

图 4.9 不同 PbSe 量子点掺杂浓度（$(1.5\sim10)\times10^{15}$ QDs/cm^3）时计算的 GSE 光谱（a）

以及掺杂浓度依赖的归一化的 GSE 光功率和峰值位置（b）和（c）

（其中向上和向下的箭头都表示掺杂浓度的增加，分别代表 1.5×10^{15} QDs/cm^3、

2×10^{15} QDs/cm^3、2.5×10^{15} QDs/cm^3、3×10^{15} QDs/cm^3、4×10^{15} QDs/cm^3、5×10^{15} QDs/cm^3、

6×10^{15} QDs/cm^3、7×10^{15} QDs/cm^3、8×10^{15} QDs/cm^3、9×10^{15} QDs/cm^3 和 10×10^{15} QDs/cm^3）

红移产生的原因：在同样的光纤长度和光纤直径情况下，掺杂浓度大的光纤容纳的 PbSe 量子点个数要比掺杂浓度小的光纤多，所以导致掺杂浓度大的光纤内二次吸收-辐射几率更大，因此红移更为明显。

最佳掺杂浓度产生的原因：在泵浦功率一定的情况下，能够被激发到上能级的粒子数也是一定的。所以在量子点掺杂浓度很小的时候，上能级粒子数与掺杂浓度成正比，随浓度的增大而增加，由此产生的自发辐射也增大。

可是，当量子点掺杂浓度增加到一定值时（在这里是 $4 \times 10^{15} QDs/cm^3$），由于泵浦光功率的限制，上能级粒子数就不会增加，也就不会再产生自发辐射。而之前产生的光也会被高浓度掺杂的 PbSe 量子点散射或者吸收，导致 GSE 光功率衰减，体现在光谱上就是最佳掺杂浓度的出现。

4.5　泵浦功率依赖的辐射光谱

泵浦功率是影响光谱性质的另一个重要参数，下面给出 GSE 光谱随泵浦功率的变化情况。

图 4.10（a）所示为在不同泵浦功率（5~100mW）时计算得到的辐射光谱，其中的光纤长度是 15cm，光纤直径是 100μm，掺杂浓度是 $4 \times 10^{15} QDs/cm^3$。图 4.10（b）所示为泵浦功率依赖的归一化 GSE 光功率的演化关系。从中可以明显地看出：当泵浦功率从 5mW 增加到 100mW 时，GSE 光功率随泵浦功率的增大近似于线性增大（大约为 0.0098/mW），原因是上能级粒子数的增加导致了自发辐射的增强，由于掺杂浓度足够大，所以呈现出线性增长的趋势。同时这种线性增长的趋势也说明了在本书建立的理论模型中，自发辐射占据主导地位；如果掺杂浓度过小，此时虽然泵浦功率增大，但是 GSE 光功率会因为量子点数目的限制而很难继续增长。

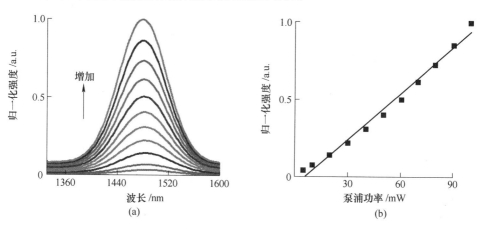

图 4.10　不同泵浦功率（5~100mW）时计算的 GSE 光谱（a）

和泵浦功率依赖的归一化的 GSE 光功率（b）

（其中向上的箭头表示泵浦功率的增加，分别代表 5mW、10mW、20mW、30mW、

40mW、50mW、60mW、70mW、80mW、90mW 和 100mW）

4.6 理论与实验的对比

为了证明理论模型的实用性，用此模型数值模拟了法国 Hreibi 等研究小组的实验，具体参数见表4.2。

表4.2 Hreibi 等研究小组的实验参数

量子点直径/nm	掺杂浓度/QDs·cm⁻³	峰值吸收/发光波长/nm	光纤直径/μm
3.5	$1.9×10^{16}$	1124/1160	25

图4.11（a）所示为不同光纤长度时（5~100cm）计算的 GSE 光谱，其

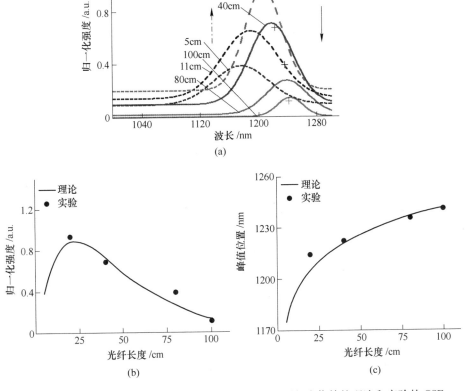

(a)

(b)   (c)

图4.11 不同光纤长度时计算的 GSE 光谱（a），光纤长度依赖的理论和实验的 GSE 光功率（b）和光纤长度依赖的理论和实验的 GSE 光谱峰值位置（c）

（其中+代表 Hreibi 等的实验结果）

中泵浦功率是 60mW，向上的虚线箭头表示虚线部分从下到上光纤长度增加；向下的实线箭头表示实线部分从上到下光纤长度增加。图 4.11（b）和图 4.11（c）所示分别是光纤长度依赖的归一化 GSE 光功率和峰值位置的理论和实验的对比。从图中可以看出，随着光纤长度的增加，峰值位置向长波方向移动，并且光纤长度越长，红移率越小，并不是一个简单的线性关系。另外，GSE 光功率随着光纤长度的增加呈现先增大后减小的趋势，因此产生最佳的光纤长度为 20cm。理论计算结果与实验数据符合得很好，证明了理论模型的合理性。

图 4.12（a）所示为不同泵浦功率下（5~160mW）计算的归一化 GSE 光谱，其中光纤长度是 40cm，向上的箭头表示泵浦功率的增加；图 4.12（b）所示为泵浦功率依赖的归一化 GSE 光功率理论和实验的对比。从图中可以看出，随着泵浦功率的增加，GSE 光功率呈现一个近似于线性增长的趋势。理论计算结果与实验数据符合得很好，进一步证明了理论模型的合理性。

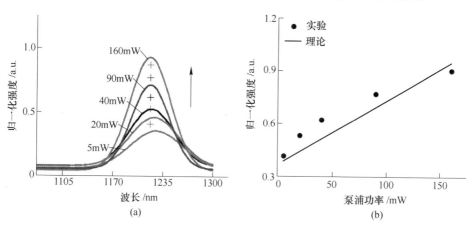

图 4.12　不同泵浦功率时计算的 GSE 光谱（a）和泵浦光功率依赖的

归一化 GSE 光功率的理论值和实验结果（b）

（其中+代表 Hreibi 等的实验结果）

4.7　本章小结

本章建立了理论模型模拟 PbSe 量子点多模液芯光纤中的光谱性质。其中考虑了 PbSe 量子点的荧光效率、光纤的损耗和非辐射跃迁等因素的影响。数值模拟结果表明，随着光纤长度、光纤直径和量子点掺杂浓度的增加，GSE 光谱向长波方向移动，得到了最佳光纤长度、光纤直径和量子点掺杂浓度。

在所选光纤长度为 15cm，光纤直径为 100μm，掺杂浓度为 $4 \times 10^{15} \text{QDs/cm}^3$ 时，GSE 光功率随着泵浦功率的增加而呈现近似线性增长的趋势（大约为 0.0098/mW）。最后，利用前面建立的理论模型和数值模拟方法模拟了 3.5nm PbSe 量子点液芯多模光纤的 GSE 光谱性质，包括光纤长度和泵浦功率依赖的 GSE 光谱，并与实验结果对比，符合得很好，证明了本书建立的理论模型的实用性。重要的是，此模型既可以应用于单模光纤，也可以应用于多模光纤，为量子点光纤放大器的发展奠定了一定的理论基础。

5　PbSe 量子点液芯光纤的实验研究

随着 PbSe 量子点材料合成技术的进一步发展，人们对其的关注度也进一步提高，PbSe 量子点器件的制作也得到了研究者们的广泛重视。PbSe 量子点具有较大的激子玻尔半径（大约为 46nm）、较强的尺寸效应、较宽的发光调谐范围（1000~1900nm）和较高的荧光量子产额（大于 89%）[39]，这些优良性质使得 PbSe 量子点材料具有很广泛的应用，其中之一就是在通信窗口的应用。本章重点从实验方面研究 PbSe 量子点液芯光纤在通信窗口（1550nm）的光谱性质。

5.1　PbSe 量子点的吸收与发光光谱

将合成好的 PbSe 量子点以相同浓度（$7.2\times10^{15}\,QDs/cm^3$）溶于甲苯和四氯乙烯中，分别测得两种溶剂中 PbSe 量子点的吸收和发射谱。如图 5.1 所示，可以看出，当 PbSe 量子点溶于四氯乙烯溶剂后，在 1cm 比色皿中测得的吸收峰和发光峰位置分别为 1406nm 和 1478nm，斯托克斯位移为 72nm。从图 5.1（b）中可以看出，当把 PbSe 量子点溶于甲苯溶剂后，在 1cm 比色皿中测得的吸收和发光峰位置分别为 1408nm 和 1476nm，斯托克斯位移为 68nm，略小于在四氯乙烯溶剂中的值。

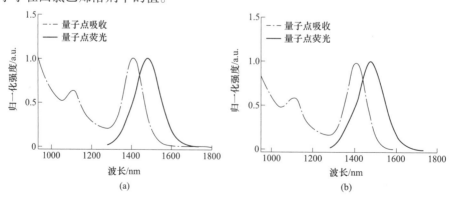

图 5.1　PbSe 量子点在四氯乙烯溶剂中（a）和在甲苯溶剂中（b）的 Abs 和 PL 光谱

5.2　PbSe 量子点液芯光纤的灌制与封装

空芯光纤买自于北京一家公司，材料是优质 SiO_2，由专业工艺拉制而成。液芯光纤的左侧一端用自制的光纤耦合头耦合并封住，使得液芯光纤中的液体纤芯不会流出。光纤耦合头是用玻璃制作的，同样是选用优质石英玻璃制成，如图 5.2 所示。

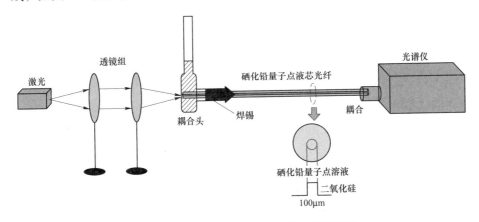

图 5.2　PbSe 量子点液芯光纤的实验结构图

(插图：液芯光纤横截面以及等效阶跃折射率剖面图)

激发光源采用的是 532nm 连续激光器，功率为 200mW，通过透镜耦合进入液芯光纤，光纤出射端连接到光谱仪狭缝，从而进行光谱测试。

具体灌装过程如下：

(1) 光纤玻璃耦合头用氯仿洗净并烘干备用。

(2) 将光纤切割成实验所需长度，将其一端插入光纤玻璃耦合头末端，光纤末端紧靠耦合头端面的中心部分，最大程度上减少泵浦光的耦合损失。然后插入光纤一侧的耦合头内，吸入熔化的焊锡固定光纤在耦合头中的位置并封住耦合头的端口。

(3) 将 AB 胶（液体工具胶）按 A∶B＝1∶1 比例混合后，均匀涂抹于焊锡外侧的耦合头的接口处，并将耦合头完全封住。

(4) 从另一端耦合头的入口处用注射器注入事先准备好的 PbSe 量子点溶液，同时放低光纤的另一端，让 PbSe 溶液沿光纤缓缓的流到另一端，并使其充满整根光纤。待溶液流到光纤的另一端后，检查是否有漏液和气泡产生。

液芯光纤制作完毕。

（5）用激光器作光源，从耦合头的端面入射，在光纤末端测量出射光的功率，以检查光纤纤芯内的光路是否畅通、耦合情况是否良好。以上过程都是在氮气保护下（手套箱中）完成的，以防止在灌装过程中 PbSe 量子点被氧化。实验中选用了内径为 100μm、外径为 200μm 的空芯光纤。

封装完毕后，首先测量了耦合进入纤芯的光功率值。200mW 的激光器光源分别经过斩波器、一组透镜、光纤玻璃耦合头，再进入 100μm 内径的纤芯后，经过多次测量，最终得到大约 60mW 的光功率进入纤芯。

5.3　两种溶剂的对比

因为在手套箱里封装好量子点之后，光谱测试过程可能需要一段时间，所以先在连续一个小时的光照射下，测量了 PbSe 量子点溶液的光谱稳定性，如图 5.3 所示。

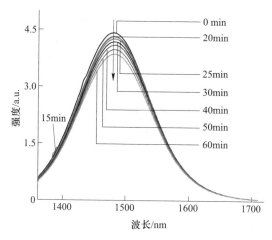

图 5.3　PbSe 量子点溶液在连续 1h 激光照射下的 PL 光谱（在比色皿中测得）

可以看到，在 1h 的激光照射下，光谱的峰值位置没有明显的移动，说明封装很成功，没有被空气氧化；虽然峰值强度稍有下降，但是本次测量使用的是 200mW 的激光光源，而在实际测量时，耦合进入纤芯的光只有大约 60mW，所以在 1h 内，PL 强度衰减的很小，对实验的影响不大。

然后，对比了两种不同溶剂（甲苯和四氯乙烯）中的光谱性质。将合成好的 PbSe 量子点分别溶于甲苯和四氯乙烯中，按照上面的方法灌制、封装。

然后放在如图 5.2 所示的光路中进行测试，得到的结果如下。

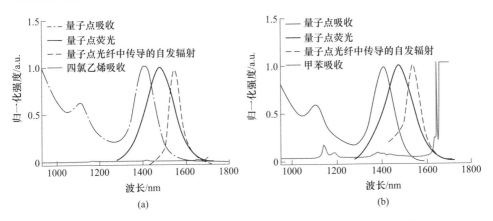

图 5.4 PbSe 量子点在四氯乙烯（TCE，a）和甲苯（Toluene，b）溶剂中

（浓度：$7.2 \times 10^{15} QDs/cm^3$）的 Abs 和 PL 光谱，两种溶剂的吸收谱

（以上是在 1cm 比色皿中测得）以及 15cm PbSe 量子点液芯光纤的 GSE 光谱

从图 5.4（a）中可以看出，当 PbSe 量子点溶于四氯乙烯（TCE）溶剂中时，吸收峰为 1406nm，发光峰为 1478nm，斯托克斯位移为 72nm，15cm 光纤出射端 GSE 峰值为 1546nm，可见量子点（溶于四氯乙烯）发射的荧光在光纤中传导 15cm 后红移了 68nm。从图 5.4（b）中可以看出，当把 PbSe 量子点溶于甲苯溶剂后，在 1cm 比色皿中测得的吸收和发光峰位置分别为 1408nm 和 1476nm，斯托克斯位移为 68nm，15cm 光纤出射端 GSE 峰值为 1540nm，可见量子点（溶于甲苯）发射的荧光在光纤中传导 15cm 后红移了 64nm。由此得到结论：同样的 PbSe 量子点，在四氯乙烯溶剂中的斯托克斯位移比在甲苯溶剂中的大一些；另外，15cm PbSe 量子点（溶于四氯乙烯）液芯光纤出射端光谱比溶于甲苯中的光谱红移大。

图 5.5 所示为 PbSe 量子点液芯光纤在不同光纤长度影响下的 GSE 光谱。其中，图 5.5（a）所示为 PbSe 量子点掺杂在四氯乙烯溶剂中，图 5.5（b）所示为 PbSe 量子点掺杂在甲苯溶剂中。从中可以明显看出：（1）随着光纤长度的增加，两种溶剂的 GSE 光谱峰值位置均发生红移，但是四氯乙烯溶剂中的红移要大于甲苯溶剂；（2）PbSe 量子点溶于四氯乙烯溶剂中制作成的液芯光纤中 GSE 光功率要大于以甲苯为溶剂制作的光纤 GSE 功率。

为了更加清楚地比较两种溶剂的不同效果，本书给出了溶剂对光谱峰值

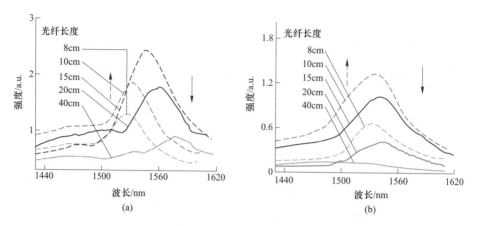

图 5.5　PbSe 量子点液芯光纤在不同光纤长度影响下的 GSE 光谱

（a）PbSe 量子点掺杂在四氯乙烯溶剂中；

（b）PbSe 量子点掺杂在甲苯溶剂中（箭头表示光纤长度的增加）

位置以及功率的影响，如图 5.6 和图 5.7 所示。

　　图 5.6 所示为 PbSe 量子点液芯光纤在以四氯乙烯（a）和甲苯（b）为溶剂时，不同光纤长度影响下的红移情况。可见，以四氯乙烯为溶剂时，光谱的红移比较大；当光纤长度从 8cm 增加到 20cm 时，红移大约为 33nm。而在以甲苯为溶剂时，当光纤长度从 8cm 增加到 20cm 时，红移大约为 12nm。

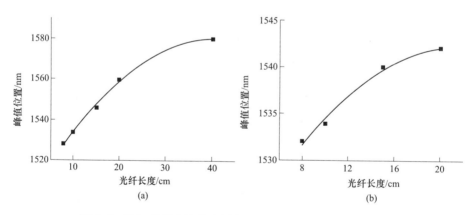

图 5.6　PbSe 量子点液芯光纤在以四氯乙烯（a）和甲苯（b）

为溶剂时，不同光纤长度影响下的红移对比

　　图 5.7 所示为 PbSe 量子点液芯光纤在以四氯乙烯（a）和甲苯（b）为溶剂时，不同光纤长度影响下的峰值强度的变化情况。两者的共同点是：在光

纤长度较小时，GSE 光功率随着光纤长度的增加而增大；但是当光纤长度增加到一定值后，GSE 光功率又随着光纤长度的增加而减小。由此产生了最佳的光纤长度，溶剂为四氯乙烯时，最佳长度为 15cm；溶剂为甲苯时，最佳长度为 10cm。两者的不同点是：以四氯乙烯为溶剂的 GSE 光功率，在每个光纤长度下，都要比以甲苯为溶剂的 GSE 光功率大。这也说明了，两者相比，四氯乙烯是作为 PbSe 量子点液芯光纤的良好溶剂。

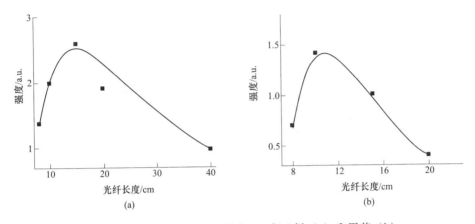

图 5.7　PbSe 量子点液芯光纤在以四氯乙烯（a）和甲苯（b）
为溶剂时，不同光纤长度影响下的峰值强度对比

由图 5.5～图 5.7 可知，不同溶剂对光谱的影响是不可忽略的，表现为对光谱红移的影响和对光谱峰值功率的影响。分析其原因：（1）折射率。四氯乙烯、甲苯和二氧化硅（光纤壁）的折射率分别为 1.505、1.496 和 1.45。对于光纤来说，纤芯和包层的折射率差（式（2.69））越小，光在纤芯中传播时的限制力越小，换言之，光的损耗越大。四氯乙烯与二氧化硅的折射率差比甲苯的大，因此，由于折射率差引起的损耗比甲苯小。（2）斯托克斯位移。从图 5.4 可以看出，PbSe 量子点在四氯乙烯溶剂中的斯托克斯位移要比在甲苯中的大。已知由于斯托克斯位移的存在，PbSe 量子点发出的荧光会被其他的未被激发的量子点所吸收，叫做二次吸收，吸收了能量的量子点虽然会再次的发光，但是由于量子点的发光效率不能达到 100%，所以二次吸收肯定会带来损耗。本实验中，PbSe 量子点在四氯乙烯溶剂中的斯托克斯位移大，那么二次吸收几率就会变小，因此，由于二次吸收所导致的损耗就会降低。（3）溶剂的吸收。由图 5.8 可以看出，在近红外区，甲苯的吸收明显大于四氯乙

烯的吸收，这也是导致 GSE 光功率不同的原因。另外，以四氯乙烯为溶剂的
PbSe 量子点液芯光纤 GSE 光谱最佳光纤长度为 15cm，而甲苯中却是 10cm，
这也同样归因于甲苯在近红外区的强吸收。（4）量子点表面态。如图 5.9 所
示为在比色皿中测得的分别以四氯乙烯（TCE）和甲苯（Toluene）为溶剂的
PbSe 量子点的发射光谱。可见二者的形状非常相似，而且长波方向都没有任
何不对称存在，说明实验合成的 PbSe 量子点表面被油酸配体修饰得很好。而

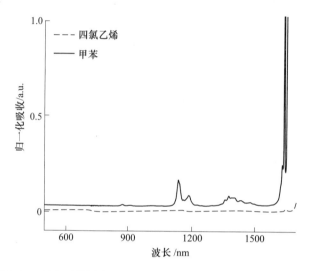

图 5.8　四氯乙烯溶剂（TCE）和甲苯溶剂（Toluene）的吸收谱

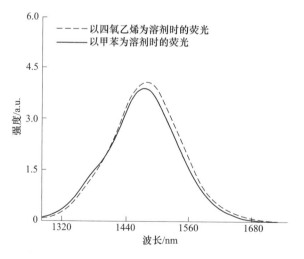

图 5.9　比色皿中测得的分别以四氯乙烯（TCE）和
甲苯（Toluene）为溶剂的 PbSe 量子点的 PL 光谱

荧光量子产额的降低和光谱的稍微蓝移可能是由于有些量子点存在中间带隙陷阱态造成。总之，我们的 PbSe 量子点 PL 光谱线型比较对称，说明表面修饰得很好。

以上的实验数据证明了在两种溶剂中，四氯乙烯溶剂是作为 PbSe 量子点液芯光纤的良好溶剂。以下的实验都是将 PbSe 量子点溶于四氯乙烯溶剂后制作成液芯光纤进行测试的。

5.4 不同参数影响下的光谱性质

本书实验中关注的实验参数是光纤长度、掺杂浓度和泵浦功率，本节从实验角度研究了这些参数的变化对光谱性质的影响，包括对峰值波长和出射功率的影响。

5.4.1 不同光纤长度影响下的光谱性质

选择几个不同的光纤长度（8cm、10cm、15cm、20cm 和 40cm）研究光纤长度依赖的液芯光纤辐射光谱，另外两个实验参数为掺杂浓度为 7.2×10^{15} QDs/cm^3，泵浦功率为 200mW。测得的实验结果如图 5.5（a）、图 5.6（a）、图 5.7（a）所示。从图中可以看到，随着光纤长度的增加，GSE 光谱峰值位置产生红移，并且红移率呈现变小的趋势。另外，在光纤长度小于 15cm 时，GSE 光功率随光纤长度的增加而增大；但是当光纤长度大于 15cm 时，又随光纤长度增加而变小，由此产生最佳的光纤长度，大约为 15cm。红移产生的原因为：量子点本身的吸收和辐射光谱中有一部分重叠区，由于量子点的发光被限制在光纤中并且要在光纤中传输一段距离，所以量子点发光的短波长方向的能量可以被未被激发的较大尺寸量子点吸收，从而再次向外辐射较大波长的光。此外，溶剂在近红外区微弱的吸收也会或多或少产生红移。最佳光纤长度产生的原因为：当光纤长度增加到一定值后，泵浦光会被完全吸收，此时上能级粒子数减少，自发辐射在这样的光纤长度下就不会再继续产生，那么在较短光纤长度处产生的辐射就会在接下来的传输过程中逐渐损耗。由此产生 GSE 功率的衰减，出现最佳的光纤长度。

5.4.2 不同掺杂浓度影响下的光谱性质

量子点掺杂浓度是影响 GSE 光谱特征的另一个重要参数。实验选择了几个不同的掺杂浓度（7.6×10^{15} QDs/cm^3、8.7×10^{15} QDs/cm^3、9.5×10^{15} QDs/cm^3、1.1×10^{16} QDs/cm^3 和 1.3×10^{16} QDs/cm^3）来研究量子点掺杂浓度依赖的液芯光纤辐射光谱，另外两个实验参数为：光纤长度为 15cm，泵浦功率为 200mW。测得的实验结果如图 5.10 所示，图 5.10（a）所示为实验测得的量子点掺杂浓度依赖的 GSE 光谱，图 5.10（b）所示为 GSE 辐射功率随掺杂浓度的演化关系，图 5.10（c）所示为 GSE 光谱峰值位置随掺杂浓度的演化关系。从图中可以看到，随着量子点掺杂浓度的增加，GSE 光谱峰值位置产生红移，并且红移率呈现变小的趋势。另外，在掺杂浓度小于 9.5×10^{15} QDs/cm^3 时，GSE 辐射功率随掺杂浓度的增加而增大；但是当掺杂浓度大于 9.5×10^{15} QDs/cm^3 时，又随掺杂浓度的增加而变小，由此产生最佳的量子点掺杂浓度，大约为 9.5×10^{15} QDs/cm^3。红移的原因是：随着量子点掺杂浓度的增加，相同体积内量子点的数目增加，从而导致二次吸收-辐射几率增加，发生红移。最佳掺

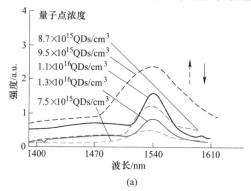

(a)

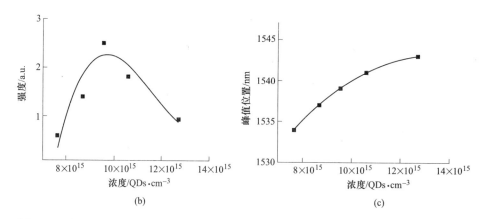

(b)　　　　　　　　　　　　　　　　　(c)

图 5.10　实验测得的量子点掺杂浓度依赖的 GSE 光谱（a），GSE 辐射功率随掺杂浓度的演化关系（b）和 GSE 光谱峰值位置随掺杂浓度的演化关系（c）

杂浓度产生的原因是：低浓度掺杂时，浓度越高，被激发的粒子数越多，自发辐射也就越多；较高浓度掺杂时，由于泵浦光的功率是固定的，浓度增大，被激发的粒子数目不会增加（受泵浦功率的限制），所以自发辐射不再增加，之前量子点辐射的光在后面的传播中只能被多余的量子点吸收或散射，导致在较高浓度掺杂时光功率的衰减。

5.4.3 不同泵浦功率影响下的光谱性质

实验选择了几个不同的泵浦功率（12mW、27mW、36mW、45mW 和 60mW）来研究泵浦功率依赖的液芯光纤辐射光谱，另外两个实验参数为：光纤长度为 15cm，量子点掺杂浓度为 $7.2 \times 10^{15} \text{QDs/cm}^3$。测得的实验结果如图 5.11 所示，图 5.11（a）所示为实验测得的泵浦功率依赖的 GSE 光谱，箭头方向表示泵浦功率的增大。图 5.11（b）所示为 GSE 辐射功率随泵浦功率的演化关系。可见随着泵浦功率的增加，GSE 功率呈现线性增加的趋势，这同时也表明，本次实验由于泵浦光能流密度低、非辐射（俄歇）复合效应很小，所以自发辐射占据主导地位。

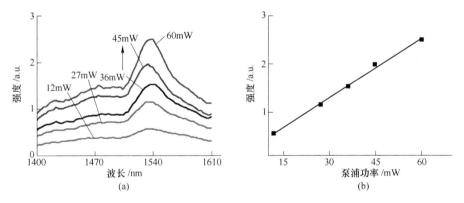

图 5.11　实验测得的泵浦功率依赖的 GSE 光谱（a）和
GSE 辐射功率随泵浦功率的演化关系（b）

5.5　实验数据的理论模拟

基于以上的实验数据，按照第 4 章的理论模型和数值模拟方法，进行对应的理论模拟，实验测得的 4.5nm 的 PbSe 量子点的吸收与发射光谱如图 5.1（a）所示，利用第 2 章的式（2.61）~式（2.63）可以计算出合成的 PbSe 量子点的峰值吸收截面。再根据图 5.1（a）确定其他频率成分的吸收与辐射截面，从而代入公式进行数值模拟。计算中用到的参数见表 5.1。

表 5.1　理论模拟中用到的参数

量子点直径/nm	包层/纤芯折射率	峰值吸收（发光）波长/nm	荧光寿命/μs
4.5	1.45/1.505	1406/1478	0.25

图 5.12 所示为理论模拟的光纤长度依赖的 GSE 光谱特性。图 5.12（a）所示为理论模拟的光纤长度依赖的 GSE 光谱；图 5.12（b）所示为 GSE 光功率随光纤长度的演化关系；图 5.12（c）所示为 GSE 光谱峰值位置随光纤长度的演化关系。由图可知，随着光纤长度的增加，GSE 光谱峰值位置发生红移，GSE 光谱峰值强度先增大后减小，存在最佳光纤长度，大约为 15cm。

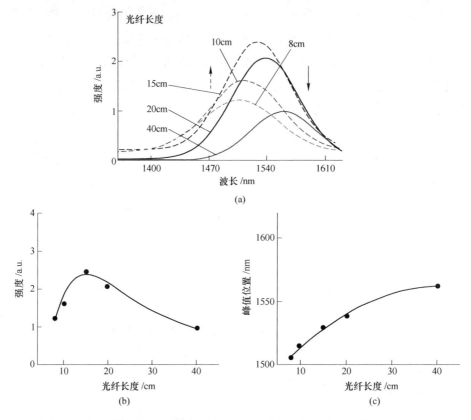

图 5.12　理论模拟的光纤长度依赖的 GSE 光谱（a），GSE 光功率随光纤长度的演化
关系（b）和 GSE 光谱峰值位置随光纤长度的演化关系（c）

图 5.13 所示为理论模拟的量子点掺杂浓度依赖的 GSE 光谱特性。图 5.13

（a）所示为理论模拟的掺杂浓度依赖的 GSE 光谱；图 5.13（b）所示为 GSE
光功率随掺杂浓度的演化关系；图 5.13（c）所示为 GSE 光谱峰值位置随掺
杂浓度的演化关系。由图可知，随着量子点掺杂浓度的增加，GSE 光谱峰值
位置发生红移，峰值强度先增大后减小，存在最佳掺杂浓度，大约为 $9.5 \times 10^{15} QDs/cm^3$。

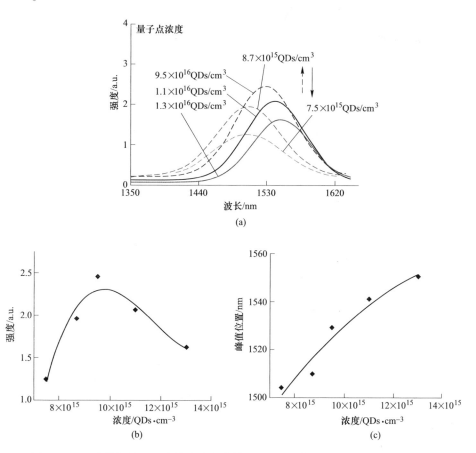

图 5.13　理论模拟的量子点掺杂浓度依赖的 GSE 光谱（a），GSE 光功率随掺杂
浓度的演化关系（b）和 GSE 光谱峰值位置随掺杂浓度的演化关系（c）

图 5.14 所示为理论模拟的泵浦功率依赖的 GSE 光谱特性。图 5.14（a）
所示为理论模拟的泵浦功率依赖的 GSE 光谱；图 5.14（b）所示为 GSE 光功
率随泵浦功率的演化关系。由图可知，随着泵浦功率的增加，GSE 光功率呈
现近似于线性增长的趋势。

为了更为清楚地对比理论结果与实验数据，本书给出了图 5.15，图 5.15

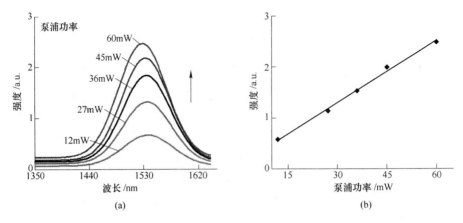

图 5.14　理论模拟的泵浦功率依赖的 GSE 光谱（a）
和 GSE 光功率随泵浦功率的演化关系（b）

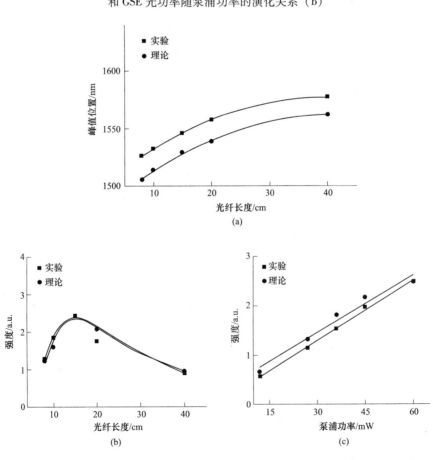

图 5.15　GSE 峰值位置随光纤长度的变化关系（a），GSE 辐射功率随光纤长度
的变化关系（b）和 GSE 辐射功率随泵浦功率的变化关系（c）

（a）所示为 GSE 光谱峰值位置随光纤长度的变化关系；图 5.15（b）所示为 GSE 辐射功率随光纤长度的变化关系；图 5.15（c）所示为 GSE 辐射功率随泵浦功率的变化关系。从图 5.15（a）中可以看出，实验的 GSE 光谱峰值位置红移比理论模拟要大一些，原因是当把 PbSe 量子点溶于有机溶剂时，量子点的表面态会受到影响，因而使得量子点的吸收和辐射截面相比理论估计要有所改变。图 5.15（b）表明，使用四氯乙烯作为溶剂，掺杂浓度为 $9.5 \times 10^{15} QDs/cm^3$ 时，最佳光纤长度为 15cm。图 5.15（c）表明，GSE 光谱功率和泵浦功率之间的线性关系，实验的 GSE 强度要略低于理论预计，这是因为实验中存在一些光纤传导的额外损耗。

5.6 本章小结

本章合成了直径为 4.5nm 的 PbSe 量子点，并溶于甲苯和四氯乙烯溶剂中。通过灌制和封装两个过程制作了发光波长在 1550nm 通信窗口的 PbSe 量子点液芯光纤，之后搭建光路进行光谱测试，最后用各种实验参数进行数值模拟，并与实验数据进行对比。这些参数包括不同的光纤长度、不同的量子点掺杂浓度和不同的泵浦功率。GSE 光谱随着光纤长度和量子点掺杂浓度的增加而产生红移，从不同参数下 GSE 光功率的演化情况得到了最佳的光纤长度和最佳的量子点掺杂浓度，在最佳的情况下可以得到 GSE 光功率的最大值。另外，通过求解三能级系统的速率方程和光在光纤中的传播方程，计算得到了不同光纤长度、不同量子点掺杂浓度和不同泵浦功率下的 GSE 光谱。这些理论计算与实验数据吻合得非常好。最后，对比了 PbSe 量子点液芯光纤在两种不同溶剂下的光谱性质，发现与甲苯溶剂相比，四氯乙烯溶剂由于其在近红外波段具有更小的吸收，折射率更大等原因而成为 PbSe 量子点液芯光纤的良好溶剂。

6 泵浦光参数对 PbSe 量子点掺杂光纤发光的影响

俄歇复合效应在很多领域中占据非常重要的作用，例如可以有效增加太阳能电池的光电流[153,154]；同时也有研究表明，获得较高的光学增益的必要条件是使用能量较高的激发能进行激发。但是较高的激发能量可以激发一个量子点产生多个激子，称为多电子-空穴对态，此时由于超快的非辐射俄歇复合过程，会导致发光的衰减。俄歇衰减的时间常数为数十至数百皮秒，这比纳秒量级的辐射复合寿命要短得多，这表明俄歇衰减是 PbSe 量子点中多个电子-空穴对态的主要和固有衰变。根据以上分析，泵浦参数似乎是影响光纤发光强度的关键因素。因此，研究 PbSe 量子点的光纤的光增益随泵浦功率、泵浦频率和泵浦波长的变化是一项有意义的研究工作。

本章充分考虑了与泵浦功率、泵浦频率和泵浦波长相关的非辐射俄歇复合寿命，并将其加入现有的三能级系统的粒子数分布方程中。通过求解光功率传播方程和速率方程模拟光纤的发光强度和光学增益，并观察和分析了一系列有趣的现象；证实了模拟结果与 Hreibi 等人报道的 PbSe 量子点掺杂光纤的实验数据具有相似的趋势。这项研究可以为未来掺杂 PbSe 量子点光纤的光学增益的发展提供理论依据。

6.1 考虑泵浦参数的理论模型

PbSe 量子点的能级结构可以近似为一个简单的三级系统，其中第 3 能级通常包括一组能级，第 2 能级由对应于第一激子吸收峰和发射峰的两个精细能级组成。当使用短波长的光源激发 PbSe 量子点时，由于其具有较大的吸收截面，量子点会以概率 W_{12} 和 W_{13} 激发到较高能级 2 和 3。能级 2 的粒子通过概率为 A_{21} 的自发发射或概率为 A_{21}^{NR} 的非辐射跃迁回到基态；能级 3 的粒子通过概率为 A_{32}^{NR} 的非辐射跃迁衰减到能级 2，然后通过前面提到的辐射或非辐射跃迁，跃迁到基态。此外，当量子点发光在光纤中进行长距离传输时，能级 2 的粒子还可以通过受激辐射跃迁到基态。注意，在高泵浦功率下会产生多个电子-空穴对态，从而导致非辐射的俄歇复合，因此在我们的模型中考虑了非辐射俄歇复合寿命。

基于上面的理论分析，仍然使用本书第 4 章的一组速率方程（式（4.1）~式（4.4））来分析这三个能级的粒子数分布，并将其写为如下的形式：

$$n_1 = n_t \frac{1 + \sum_{\lambda_s = \lambda_1}^{\lambda_m} \frac{\sigma_e(\lambda_s)}{hc} \lambda_s \tau_R i_s(r) P_{\lambda_s}(z) + \frac{\tau_R}{\tau_{NR}(\bar{P}_P, f_P, \lambda_P)} A}{1 + \tau_R \left[\sum_{\lambda_s = \lambda_1}^{\lambda_m} \frac{\sigma_e(\lambda_s)}{hc} \lambda_s i_s(r) P_{\lambda_s}(z) + \sum_{\lambda_s = \lambda_0}^{\lambda_m} \frac{\sigma_a(\lambda_s)}{hc} \lambda_s i_s(r) P_{\lambda_s}(z) + \frac{\sigma_a(\lambda_P)}{hc} \lambda_P i_P(r) P_P(z) \right] + \frac{\tau_R}{\tau_{NR}(\bar{P}_P, f_P, \lambda_P)} A}$$

$$(6.1)$$

$$n_2 = n_t \frac{\tau_R(\bar{P}_P, f_P, \lambda_P) \left(\frac{\sigma_a(\lambda_P)}{hc} \lambda_P i_P(r) P_P(z) + \sum_{\lambda_s = \lambda_0}^{\lambda_m} \frac{\sigma_a(\lambda_s)}{hc} \lambda_s i_s(r) P_{\lambda_s}(z) \right)}{1 + \tau_R \left[\sum_{\lambda_s = \lambda_1}^{\lambda_m} \frac{\sigma_e(\lambda_s)}{hc} \lambda_s i_s(r) P_{\lambda_s}(z) + \sum_{\lambda_s = \lambda_0}^{\lambda_m} \frac{\sigma_a(\lambda_s)}{hc} \lambda_s i_s(r) P_{\lambda_s}(z) + \frac{\sigma_a(\lambda_P)}{hc} \lambda_P i_P(r) P_P(z) \right] + \frac{\tau_R}{\tau_{NR}(\bar{P}_P, f_P, \lambda_P)} A}$$

$$(6.2)$$

$$n_3 = n_t - n_1 - n_2 = 0 \qquad (6.3)$$

式中，$\sigma_a(\lambda_s)$、$\sigma_e(\lambda_s)$ 和 $\sigma_a(\lambda_P)$ 是不同波长的吸收和辐射截面，以及对泵浦光的吸收截面，可以从 Lambert-Beer's 定律和 McCumber 理论求出。相应的数值已经计算出，如图 6.1 所示。

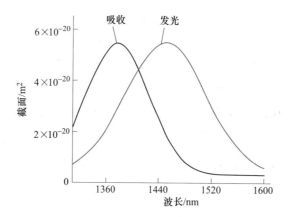

图 6.1 PbSe 量子点在不同波长时的吸收和辐射截面

$\tau_R = 1/A_{21}$ 是辐射跃迁寿命，可以通过 e 指数拟合得到，$\tau_{NR}(\overline{P}_P, f_P, \lambda_P)$ 是与平均泵浦功率 $\overline{P}_P$，泵浦频率 f_P 和泵浦波长 λ_P 有关的非辐射寿命，可以通过以下公式计算得出：

$$\tau_{NR} = (C_A n_{eh}^2)^{-1}, \quad n_{eh} = \langle N \rangle / V$$

式中　n_{eh}——载流子浓度；

$\langle N \rangle$——每个量子点产生的平均激子个数，$\langle N \rangle = j_p(\overline{P}_P, f_P, \lambda_P)\sigma_a(\lambda_P)$，

$C_A = \beta_A R^3$，对于 PbSe 量子点，$\beta_A = 2.69 \text{nm}^3/\text{ps}$；

R——量子点半径；

j_p——以光子/cm^2 为单位的泵浦光的能流：

$$j_p(\overline{P}_P, f_P, \lambda_P) = \frac{\lambda_P \overline{P}_P / f_P}{hc\pi r^2}$$

r——泵浦光的束腰半径；

V——量子点的体积；

A——辐射和非辐射跃迁的比例。

最后，$\tau_{NR}(\overline{P}_P, f_P, \lambda_P)$ 可以通过计算得到：

$$\tau_{NR}(\overline{P}_P, f_P, \lambda_P) = \frac{16\pi^2}{9\beta R\sigma_a^2(\lambda_P)} \cdot \frac{1}{j_P^2} = \frac{16\pi^4 h^2 c^2 r^4}{9\beta R\sigma_a^2(\lambda_P)} \cdot \frac{f_P^2}{\overline{P}_P^2 \lambda_P^2} \tag{6.4}$$

每个量子点产生的平均激子个数为：

$$\langle N \rangle = \frac{\sigma_a(\lambda_P)}{hc\pi r^2} \cdot \frac{\overline{P}_P \lambda_P}{f_P} \tag{6.5}$$

另外，考虑到 PbSe 量子点的荧光寿命大约为 250ns，即从能级 2 到能级 1 的自发辐射概率为 4×10^6 Hz，因此我们的计算仍然是基于稳态近似进行的，因为在计算中使用的激发光频率为 1×10^5 Hz，小于跃迁频率。此外，当从第 3 能级到第 2 能级的非辐射跃迁占主导地位时，可以忽略第 3 能级的粒子数密度，并且可以将三级系统视为更简单的二级系统。功率传输方程与我们前面给出的形式相同，这里不再赘述。

6.2　关于理论计算的相关说明

我们已经按照 Yu 等人的方法合成了 PbSe 量子点溶液，记录了 PbSe 量子

点溶液的吸收和发光光谱，并根据 Dai 等人报道的公式将其转换为吸收和发射截面。PbSe 量子点的吸收和发射峰分别位于 1378nm 和 1450nm，表明斯托克斯位移为 72nm。根据第一个激子吸收峰，PbSe 量子点直径约为 4.4nm。表 6.1 列出了其他计算参数。

表 6.1 计算的相关参数

光纤直径/μm	光纤长度/cm	量子点直径/nm	量子点浓度 /QDs·m^{-3}	折射率（包层/纤芯）	Abs（PL）波长/nm
24	30	4.4	4.5×10^{20}	1.45/1.51	1378/1450

使用 532nm 连续激光器、斩波器、凸透镜和玻璃耦合头将激光源耦合到光纤纤芯中；使用步进光束衰减器调谐泵浦功率，并且使用斩波器来将泵浦频率从 10^4Hz 调谐到 10^5Hz。可以基于上述公式和分析，计算模拟通过光纤传播之后的量子点发光情况。

6.3 泵浦功率和泵浦频率对光纤发光的影响

将高激发能量条件下的非辐射俄歇衰变考虑到我们的理论模型中，获得了一系列新现象。选择了几种泵浦功率（10mW、20mW、30mW、40mW、60mW、80mW 和 100mW）和泵浦频率（4×10^4Hz、5×10^4Hz、6×10^4Hz、7×10^4Hz、8×10^4Hz、9×10^4Hz 和 10×10^4Hz）研究泵浦功率和泵浦频率对光纤发光的影响。理论计算结果如图 6.2 所示。可以看出，光纤发光强度随平均泵浦功率的增加而增加，然后在较高功率（80mW 和 100mW）时开始下降，表明在选择的参数下，得到最佳泵浦功率约为 60mW。从图 6.2（c）中可以看到，发光强度先增强然后趋于饱和，甚至随着平均泵浦功率的增加而稍有降低（最佳泵浦功率在 50mW 和 60mW 之间）。这与不考虑俄歇复合时的情况有所不同，据之前的报道，光纤发光强度的衰减结果是发光强度随泵浦功率以线性方式增加。图 6.2（d）显示，发光强度一直随泵浦频率的增加而增加（泵浦频率范围：$(4\sim10)\times10^4$Hz）。在相对较低的泵浦功率下，光纤发光与泵浦功率呈线性关系，这表明在这些相对较低的泵浦通量下，非辐射（俄歇）复合效应仍然很小。当泵浦功率达到较高水平时，多电子-空穴对状态起着主导作用，该过程是电子和空穴复合能不作为光发射，而是转移到第三粒子上，该第三粒子可以被激发到更高的能级。这种快速的非辐射跃迁过程会导致发光的衰减。从式（6.4）可以看出，非辐射寿命随着泵浦功率的增加而减小，表明俄歇衰变在较高的泵浦功率下，以更快的速率发生，从而导致发光强度的衰减；另一方面，随着频率的增加，τ_{NR} 也随之增加，会使非辐射跃迁几率变小，从而增强了发光强度。

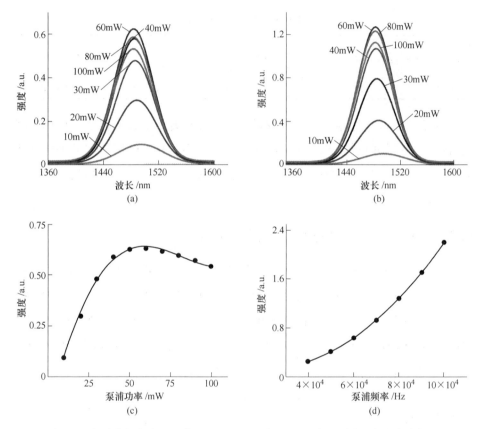

图 6.2 当泵浦频率为 $6 \times 10^4 Hz(a)$ 和 $8 \times 10^4 Hz(b)$ 时，不同平均泵浦功率下 30cm 长的 PbSe 量子点掺杂光纤的发光光谱以及当泵浦频率为 $6 \times 10^4 Hz(c)$ 和 $8 \times 10^4 Hz(d)$ 时，光纤发光强度随着平均泵浦功率的变化关系（黑点是模拟数据）

理论结果表明，在不同泵浦频率下，随着平均泵浦功率的增加，光纤发光强度都达到饱和或最大值，如图 6.3（a）所示，使光纤发光饱和的泵浦功率随着泵浦频率的增加而增加。另外，Hreibi 等人报道的实验数据如图 6.3（b）所示，从中可以观察到与理论结果相同的趋势，即在较高的泵浦功率下，光纤发光达到饱和值，而不是线性增长关系。理论和实验之间的差异是由于参数选择稍有不同而产生的。

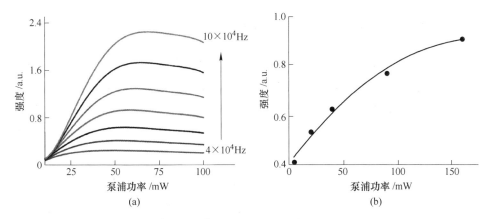

图 6.3 在 $4\times10^4 \sim 10\times10^4$ Hz、间隔为 1×10^4 Hz 的不同泵浦频率下，
光纤发光强度与平均泵浦功率的关系（a）和从文献中得出的实验数据（b）

6.4 泵浦光波长对光纤发光的影响

泵浦波长也会影响光纤发光的强度，如图 6.4 所示。无论泵浦频率是 6×10^4 Hz 还是 8×10^4 Hz，532nm 泵浦光都会使光纤发光强度和饱和泵浦功率达到最大。泵浦波长越短，光纤发光强度越大。因为 PbSe 量子点对于较短波长的泵浦光具有相对较大的吸收截面，从而导致发光增强。另外，较短的波长具有较小的泵浦能流，导致在相同泵浦功率下具有更长的非辐射寿命，这使得非辐射跃迁几率较小。因此，以下的计算都是在 532nm 波长下进行的。

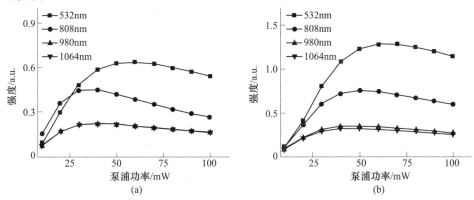

图 6.4 在不同的泵浦波长下，光纤发光强度随着平均泵浦功率的变化
（a）泵浦光频率为 6×10^4 Hz；（b）泵浦光频率为 8×10^4 Hz

6.5　泵浦光能流对光纤发光的影响

　　为了进一步解释理论模型的合理性并更好地与实验数据进行比较，绘制了图 6.5，光纤的发光强度随着泵浦光能流的变化而变化。图 6.5（a）是理论计算的模拟结果，图 6.5（b）是 Klimov 等人报道的参考文献中的，文献指出"自由"PbSe 量子点的 PL 强度随着泵浦能流的变化而变化，其中泵浦能流以 mJ/cm^2 为单位。尽管在文献中 PbSe 量子点未被掺杂到光纤中，但可以看到它们具有相似的变化趋势。此外，从垂直背景虚线可以看出，在一定的泵浦能流条件下，较大的泵浦频率和泵浦功率可以获得较大的光纤发光强度。

　　可以看出图 6.3（b）和图 6.5（b）可以证明理论模型的合理性，一方面，理论和实验结果具有相似的趋势；另一方面，所有三个参数（泵浦功率，泵浦频率和泵浦波长）均以非辐射跃迁寿命 τ_{NR} 的形式对光纤发光强度产生影响。由于通过实验数据证明了光纤发光强度与泵浦功率和泵浦能流之间的关系，因此发光强度与泵浦频率和泵浦波长之间的关系也是合理的。

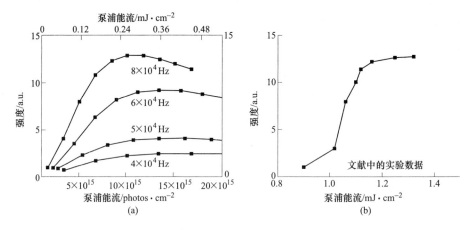

图 6.5　在不同的泵浦频率下，光纤发光强度随泵浦能流的变化（a）和
从文献中得出的实验数据（b）

（其中"自由"PbSe 量子点的 PL 强度随泵浦能流的变化而
变化，"自由量子点"是指未被掺杂到光纤中的 PbSe 量子点）

6.6　泵浦光参数和光纤长度对光纤发光的影响

　　对于光纤放大器，光学增益是非常重要的参数。因此，将 1450nm 的信号光和 532nm 的泵浦光同时输入到光纤纤芯中，通过理论计算模拟输出光谱强

度。使用公式 $G = 10 \times \lg(P_{out}/P_{in})$ 获得了光学增益值，其中 P_{out} 和 P_{in} 分别表示光的输出功率和输入功率。图 6.6 所示为在不同泵浦频率下（$4 \times 10^4 \text{Hz} \sim 10 \times 10^4 \text{Hz}$），光纤的光学增益随着平均泵浦功率的变化情况，其中 $\langle N \rangle$ 代表每个量子点所产生的平均激子个数。从图 6.6（b）可以看出，阈值泵浦功率（光增益产生所需要的泵浦功率）随泵浦频率的增加而降低。从图 6.6（c）可以看出，较大的泵浦频率需要较大的泵浦功率才能达到光学增益饱和。较小的平均激子数不能产生光学增益。较高的泵浦频率会使非辐射概率降低，

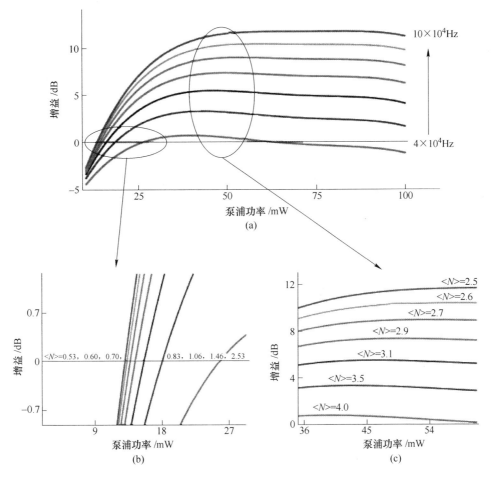

图 6.6　在 $4 \times 10^4 \sim 10 \times 10^4 \text{Hz}$ 的不同泵浦频率下（$1 \times 10^4 \text{Hz}$ 的间隔），光学增益随着平均泵浦功率的变化情况（a）；相应的区域放大图（b）和（c）

（在图（b）中，$\langle N \rangle$ 代表从左到右的曲线与增益等于零的水平线的交点处，每个量子点产生的平均激子个数；在图（c）中，$\langle N \rangle$ 代表光学增益达到饱和时，每个量子点的平均激子数）

因此较小的泵浦功率可以增强信号光，从而产生光学增益。光学增益不会随着泵浦功率的连续增加而一直增加，将会达到饱和。泵浦功率的增加会增加高能级粒子的数量，从而增强信号光。但是，泵浦功率的增加会增加非辐射跃迁（俄歇衰减）发生的可能性，导致上能级粒子数量的减少，从而使信号光衰减。基于以上两个原因，信号光不能持续被放大，光学增益达到饱和。在选择的理论参数下，可以获得约 11.5dB 的光学增益。

在 6×10^4 Hz 泵浦频率和 532nm 泵浦波长的条件下，模拟了如图 6.7 所示的信号增益，在 10~50cm 的不同光纤长度下光学增益随着泵浦功率的变化关系。不同长度的光纤导致不同的增益特性。光纤长度越长，获得最大增益所需的泵浦功率就越大，这表明饱和信号增益随光纤长度的增加而增加，但是需要更高的泵浦功率来激励。光纤太长或太短都会使信号增益降低，这意味着必须选择最佳光纤长度才能达到较高的信号增益。

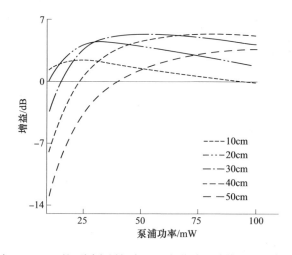

图 6.7　在 10~50cm 的不同光纤长度下，光学增益随着泵浦功率的变化关系

（直线表示光学增益等于零）

6.7　本章小结

量子点材料作为一些光放大装置的掺杂剂，存在着一定的不足，即基于多激子态的非辐射俄歇复合，与泵浦光功率、泵浦光频率和泵浦光波长有关。因此，在现有的三能级系统的电子跃迁与激子复合的过程中，引入了俄歇复合寿命，并进一步模拟了上述掺杂 PbSe 量子点光纤的发光与泵浦参数的关

系，以便使光纤的发光强度和光学增益达到最佳。研究发现，随着泵浦光功率的增加，光纤发光强度先增大后趋于饱和，与实验数据吻合较好。观察到使光纤发光强度最大化的最佳的泵浦功率，这与不考虑俄歇复合时的情况有所不同，后者的发光强度随泵浦功率呈线性增加趋势。光纤发光强度随着泵浦光频率的增加而增加（$(4\sim10)\times10^4\,\text{Hz}$）。此外，与其他的激发光相比，532nm 的泵浦光可以使光纤发光得到增强。发光强度与泵浦光能流之间的关系与实验数据相似。最后获得的最大光学增益为 11.5dB。另外，阈值泵浦功率随着泵浦光频率的增加而降低，在这种情况下，需要更大的泵浦光功率才能达到光学增益的饱和。这项研究是掺杂量子点的光纤放大器和激光器的理论基础。值得注意的是，最佳泵浦功率和光学增益是根据本书中选择的参数获得的，并且在选择其他参数时会有所不同。该模型可用于详细分析基于多个电子-空穴对态的量子点掺杂光纤的光学性能，可以应用于量子点掺杂光纤的放大器。

7 PbSe 量子点液芯光纤的综合尺寸效应

前面我们从理论上研究了掺杂 PbSe 量子点的液芯光纤发光光谱的综合尺寸效应，包括 PbSe 量子点的直径和粒子数效应，以及光纤长度和光纤直径效应。为了比较，将掺杂浓度、泵浦功率和泵浦波长固定在适当的值。光纤发光光谱的红移随量子点直径、量子点数量、光纤长度和光纤直径的增加而增加，并随着量子点数量的增加达到饱和，本章对此进行了详细说明，得到了光纤发光光谱强度随着四个尺寸参数的演化，并且观察到了不同尺寸的 PbSe 量子点作为掺杂剂时的"最佳"光纤长度、光纤直径和量子点数量。此外，每种"最佳"值都随其他三个尺寸参数而变化。这四个尺寸参数相互限制，并且一起影响光谱特征，计算结果与实验数据吻合得很好。该项研究为基于光纤的器件的设计提供了理论基础。

7.1 五种尺寸的 PbSe 量子点液芯光纤性质对比

尺寸为 3.3nm、3.8nm、4.5nm、4.9nm 和 5.8nm 的 PbSe 量子点材料由 Wu 等人根据 Yu 等人报道的方法进行合成，理论计算中 PbSe 量子点的掺杂浓度和泵浦功率固定为 7.2×10^{21} QDs/m^3 和 100mW。PbSe 量子点溶液的吸收、荧光光谱和掺杂 PbSe 量子点液芯光纤的发光光谱如图 7.1（a）~（e）所示。对于 3.3nm 的 PbSe 量子点，其吸收和发光峰值分别为 1066nm 和 1134nm，斯托克斯位移为 68nm；然而，光纤（长度 50cm、直径 30μm）发光光谱的峰值位置为 1164nm。与荧光光谱相比，量子点发光在光纤中传播了 50cm 后，红移了 30nm。对于 3.8nm 的 PbSe 量子点，其吸收、荧光和光纤发光光谱的峰值分别为 1210nm、1264nm 和 1310nm，斯托克斯位移为 54nm，红移为 47nm。对于 4.5nm 的 PbSe 量子点，吸收、荧光和光纤发光光谱的峰值分别为 1406nm、1463nm 和 1503nm，斯托克斯位移为 57nm，红移为 40nm。对于 4.9nm 的 PbSe 量子点，其吸收、荧光和光纤发射光谱的峰值分别为 1505nm、1560nm 和 1609nm，斯托克斯位移为 55nm，红移为 49nm。对于 5.8nm 的 PbSe

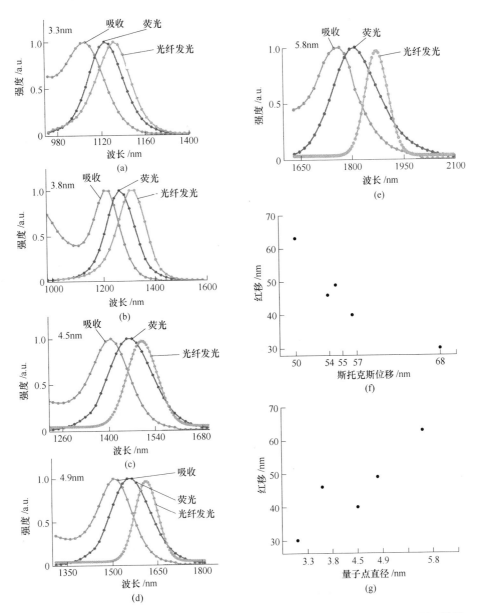

图 7.1 由 Wu 等人测得的尺寸为 3.3nm、3.8nm、4.5nm、4.9nm 和 5.8nm PbSe 量子点溶液的吸收和发光光谱（图（a）~（e））和 5 个不同的 PbSe 量子点掺杂光纤的理论辐射光谱（图（f）和（g），光纤长度为 50cm，光纤直径为 30μm，标示为"光纤发光"）

量子点，其吸收、荧光和光纤发光光谱的峰值分别为 1760nm、1810nm 和 1872nm，斯托克斯位移为 50nm，红移为 62nm。斯托克斯位移的产生是由于尺寸分布、电子和空穴之间的库仑相互作用,以及 Frank-Condon 效应。光纤发射光谱相对于荧光光谱的红移在之前的报道中解释过,即由于吸收和荧光光谱的重叠。因此,短波长的光子在光纤(50cm)中传播的过程当中可以被未激发的量子点再吸收,所以短波长的光子的贡献被削弱,导致光纤发射光谱红移,被称为二次吸收发射效应。另外,红移和斯托克斯位移/量子点直径的关系如图 7.1(f)、(g)所示。可以得到结论,光纤发光光谱的红移随着斯托克斯位移的增加而减小,但是随着量子点直径的增加而增加。因为小的斯托克斯位移或者大的量子点直径(具有较大的吸收截面)导致更为严重的二次吸收,所以产生更大的红移。

7.2　PbSe 量子点光纤性质随着光纤直径和光纤长度的变化

图 7.2(a)所示为在不同光纤直径时,3.8nm、4.5nm 和 5.8nm PbSe 量子点掺杂的液芯光纤的发光光谱,其中量子点的掺杂浓度是 $7.2 \times 10^{21} \mathrm{QDs/m^3}$,光纤长度是 30cm。图 7.2(b)和(c)所示为三个光纤发光光谱的峰值位置和峰值强度随光纤直径的变化。从图中可以看出:(1)当其他参数保持常数时,峰值位置随着光纤直径的增加而产生红移。(2)峰值位置随着光纤直径的红移率和量子点尺寸的增加而增加。(3)对于三个不同尺寸量子点掺杂的光纤都可以观察到最佳的光纤直径,并且在相同的光纤长度下,最佳直径随着量子点尺寸的增加而减小。红移是由于前面提到的二次吸收发射效应。较大的光纤直径导致更严重的二次吸收,因此产生更大的红移。对于 3.8nm、4.5nm 和 5.8nm 的 PbSe 量子点掺杂的液芯光纤,红移率分别为 0.68nm/μm、1.15nm/μm 和 2.37nm/μm。所以,红移率随着量子点直径的增加而增加。根据 Dai 等人报道的公式,量子点的吸收截面随着其直径的增加而增加,导致红移增加。另外,对于较大尺寸的量子点,其发射强度更容易达到最大值(对应于更小的最佳光纤直径)。由于较大的泵浦光吸收截面,连续增加的光纤直径导致了泵浦强度完全吸收,所以上能级粒子数由于泵浦光的限制而减少,从而发射强度减小。值得注意的是,输出光谱的性质还依赖于一些其他因素,例如泵浦光的强度和波长、量子点的掺杂浓度等。所以,本书中的"最佳"意思是当其他参数固定为特定值时的最佳值。

为了详细分析光纤发射光谱性质的尺寸效应,研究了三个不同尺寸量子点掺杂的光纤在不同的光纤直径和不同的光纤长度时的发光光谱性质,如图

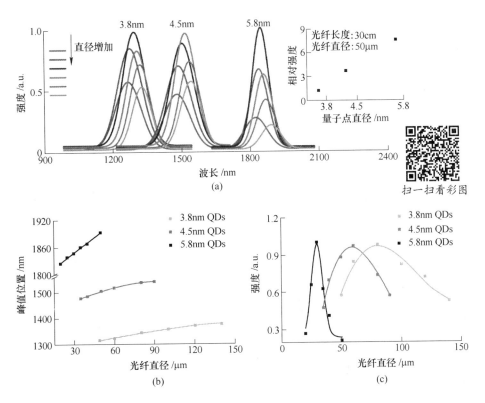

图 7.2 当光纤长度为 30cm 时，在不同的光纤长度情况下，三个量子点掺杂
光纤的归一化的发射光谱（a）（图中箭头代表着光纤直径的增加，对于 3.8nm
的量子点，光纤直径分别为 50μm、60μm、80μm、100μm、120μm 和 140μm；
对于 4.5nm 的量子点，光纤直径分别为 35μm、40μm、50μm、60μm、80μm 和 90μm；
对于 5.8nm 的量子点，光纤直径分别为 20μm、25μm、30μm、35μm、40μm 和 50μm。
插图为不同量子点掺杂光纤的最佳强度的相对值，光纤长度为 30cm，光纤直径为 50μm）
和光纤直径依赖的三个量子点掺杂光纤的发射光谱的峰值和强度（图（b）和（c），
点是计算的数值，实线是为了对比而拟合的曲线）

7.3 所示。可以得到如下结论：（1）在固定的光纤长度时，光谱的峰值位置
随着光纤直径的增加而产生红移（图 7.3（a）-1 的水平箭头），并且在固定光
纤直径时，光谱的峰值位置随着光纤长度的增加也产生红移（图 7.3（a）-1
的竖直箭头）；（2）在固定光纤长度时存在最佳的光纤直径，在固定光纤直径
时存在最佳的光纤长度（图 7.3（a）-2 的竖直箭头）；（3）最佳的光纤直径随
着光纤长度的增加而减小，同样，最佳的光纤长度也随着光纤直径的增加而

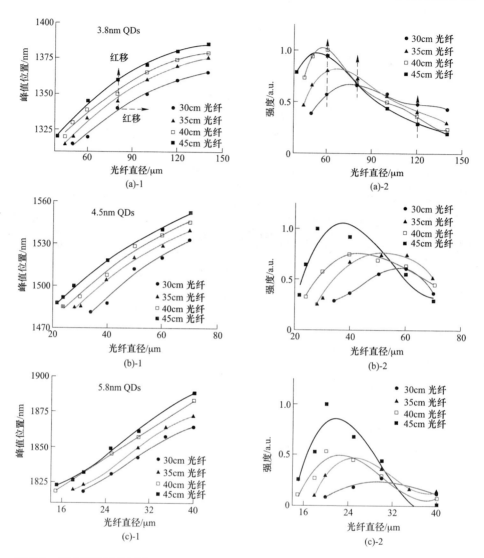

图 7.3　当光纤长度分别为 30cm、35cm、40cm 和 45cm 时，3.8nm PbSe 量子点掺杂液芯光纤的发射光谱的峰值位置和峰值强度随光纤直径的演化（图（a）-1、（a）-2）和在不同的光纤长度下，4.5nm 和 5.8nm PbSe 量子点掺杂液芯光纤的发射光谱的峰值位置和峰值强度随光纤直径的演化（图（b）和（c），点是计算的数据，实线是为了对比而拟合的曲线）

减小。例如，当光纤直径是 60μm、80μm 和 120μm 时，最佳的光纤长度分别是 40cm、35cm 和 30cm；（4）最佳光纤长度和最佳光纤直径都随着量子点直径的增加而减小。红移仍然由前面提到的二次吸收发射效应解释。较大的光纤直径或者较长的光纤导致更为严重的二次吸收，所以产生更大的红移。另外，当光纤长度或者光纤直径达到一定值时，增加的总粒子数使得泵浦光被完全吸收，因此由于泵浦光的限制，上能级粒子数减小，导致发光光谱强度随着持续增加的光纤长度和光纤直径而减小。所以，产生了最佳的光纤长度或者光纤直径。另外，对于泵浦光的吸收与掺杂粒子数有关，在掺杂浓度一定的情况下，掺杂粒子数由光纤长度和光纤直径共同决定。再者，达到最大辐射强度所需要的掺杂粒子数在固定的泵浦功率下是一个定值，所以最佳的光纤直径随光纤长度的增加而减小；相反亦如此。前面已经解释过最佳的光纤长度和光纤直径随着量子点直径的增加而减小的原因。有时，需要让量子点掺杂光纤激光器或放大器的输出强度最大化，但是其强度与量子点直径和光纤尺寸（长度和直径）有关。因此，需要控制装置的结构以得到最佳的输出。

7.3　PbSe 量子点光纤性质随着量子点掺杂数量的变化

如前所述，当掺杂浓度一定时，掺杂的粒子数随着光纤长度和光纤直径的增加而增加，所以掺杂粒子数是另一个影响光纤发光光谱性质的参数。根据方程式（6.1）和式（6.2），n_t 是以 QDs/m^3 为单位的总的粒子数密度，所以掺杂的粒子个数可以由 n_t、光纤长度和光纤直径得到。基于以上的结果和分析，掺杂粒子数依赖的光谱峰值位置和峰值强度的分布可以由图 7.4 得到，其中实线是为了对比而拟合的曲线。可以得出结论，光纤发光光谱的峰值位置随着量子点个数的增加而发生红移，并且当量子点个数越来越大时趋于饱和。这也进一步证明了光谱的红移是由量子点的二次吸收引起的。更大的量子点掺杂数量导致了更为严重的二次吸收，进而产生更大的红移。对于 3.8nm 的量子点，使红移达到饱和的量子点个数要多于 4.5nm 的量子点，可以归因于较大的量子点具有较大的吸收截面。对于 3.5nm、4.5nm 和 5.8nm 的量子点掺杂的光纤，最佳的量子点掺杂个数分别是 1×10^{13} QDs、6×10^{12} QDs 和 1.3×10^{12} QDs。因为较大的量子点对于泵浦光具有较大的吸收截面，所以，当量子点掺杂数量还很小时，泵浦光就因为较大的吸收截面而被完全吸收，即随着量子点掺杂数量的增加，辐射强度减小。因此，最佳的量子点掺杂数量随着量子点直径的增加而减小。

为了对比，本章引入了实验数据，且与理论计算具有相同的光纤参数（量子点掺杂浓度为 7.2×10^{21} QDs/m^3，光纤长度为 50cm，光纤直径为 100μm，

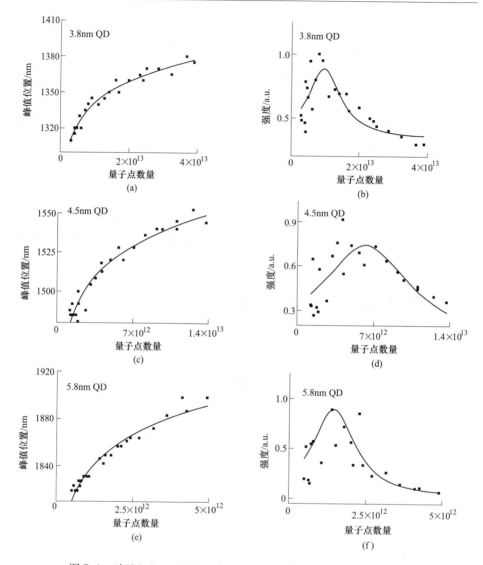

图 7.4　对于 3.8nm、4.5nm 和 5.8nm PbSe 量子点掺杂的液芯光纤，

量子点掺杂数量依赖的峰值位置和峰值强度

（方形点是理论模拟数据，实线是为了对比而拟合的曲线）

泵浦功率为 100mW，量子点直径分别为 3.8nm、4.5nm 和 5.8nm）。从图 7.5 可以看出，光纤发射光谱的峰值位置符合得很好，但是对于 5.8nm 的量子点光纤来说，其光谱的半宽度略有偏差。这或许由于实验中的其他因素造成的，因为其他四个量子具有光谱的半宽度都是 50nm 左右，但是 5.8nm 的量子点的半宽度却是 180nm。

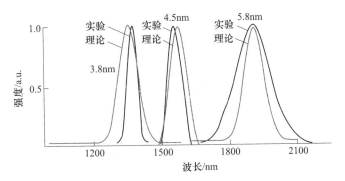

图 7.5 3.8nm、4.5nm 和 5.8nm PbSe 量子点掺杂液芯光纤的发光光谱的实验和理论对比

7.4 本章小结

本章从理论方面研究了 PbSe 量子点掺杂液芯光纤的一种综合的尺寸效应，包括 PbSe 量子点直径和掺杂的粒子数效应，以及光纤长度和光纤直径效应。光纤发射光谱的峰值位置与量子点溶液的荧光光谱相比，产生的红移与斯托克斯位移和量子点的直径有关。光纤发射光谱随着量子点直径、掺杂粒子数、光纤长度和光纤直径的增加而产生红移，并且随着掺杂粒子数的持续增加，红移达到饱和。这四个参数同时影响光谱的性质。得到了光谱强度随着量子点尺寸、掺杂粒子数、光纤长度和光纤直径的演化，对于三种尺寸的量子点掺杂的光纤，都观察到了最佳的光纤长度、光纤直径和掺杂粒子数的值。另外，最佳光纤直径随着光纤长度的增加而减小，最佳光纤长度随着光纤直径的增加而减小，最佳的光纤长度和光纤直径都随着量子点直径的增加而减小。理论计算结果与实验数据符合很好。这一项研究可以作为设计基于光纤装置的理论基础。

8 PbSe 量子点液芯光纤的受激辐射和光学增益

为了建立使受激辐射强度和光增益最大化的条件，本章研究强泵浦条件下基于多激子态的掺杂 4.4nm PbSe 量子点的液芯光纤的受激辐射和光增益特性与量子点溶液浓度、光纤长度和泵浦功率的关系。在多激子模型中引入了俄歇复合寿命和内部量子效率（IQE）进行计算。观察并详细解释了光谱峰值位置的变化。光纤发光光谱的半宽度变窄和输出功率与泵浦功率的超线性强度相关性说明了受激辐射产生的原因。在相同的光纤参数下，获得的最大光学增益约为 30dB，大于单激子模型。得到的结果对基于光纤的放大器和激光器的设计具有一定的指导作用。

8.1 物理模型

如图 8.1 所示，使用掺杂 PbSe 量子点溶液（悬浮在四氯乙烯中）的二氧化硅毛细管波导制作了量子点液芯光纤。将超短脉冲激光源耦合到液芯中时，光纤纤芯中的 PbSe 量子点将被激发，并且在某些泵浦参数下可以产生多激子态。由于在纤芯和包层之间的界面处发生了全内反射，因此产生的受激发射可以沿纤芯传输。使用荧光光谱仪在光纤末端记录光谱。

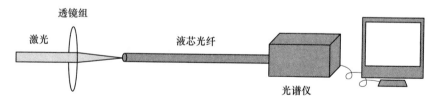

图 8.1　PbSe 量子点掺杂液芯光纤用于光谱测量的实验

理论计算是基于与前几章相同的理想模型，这里不再赘述。如图 8.2 所示是 PbSe 量子点的能级图，值得注意的是，受激辐射光放大的产生依赖于在较大激发能量下持续的粒子数反转，因此非辐射跃迁概率必须要小。然而，多激子态在高泵浦功率下才能产生，在量子点中，这些多激子态的跃迁主要由非辐射俄歇复合决定，该过程不会将电子和空穴复合能作为光发出，但会转移到第三粒子，该粒子可以被激发到更高的能级。与相应的块状材料相比，在量子受限系统（例如半导体量子点）中，俄歇衰减大大增强。研究[155]表明，超短泵浦脉冲可以有效地抑制俄歇复合的产生，从而导致持续的粒子数反转，进而使受激辐射变得更加明显。

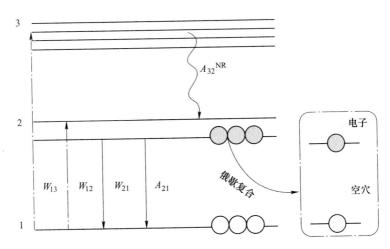

图 8.2 PbSe 量子点的能级图，包括吸收（向上虚线）、
发射（向下实线）和非辐射跃迁（向下曲线）

俄歇复合寿命可以写为：

$$\tau_{NR} = (C_A \cdot n_{eh}^2)^{-1} \qquad (8.1)$$

$$C_A = \beta_A \cdot \left(\frac{D}{2}\right)^3 \qquad (8.2)$$

对于 PbSe 量子点，β_A 是 $2.69 \text{nm}^3/\text{ps}$；$D$ 是量子点直径 4.4nm；n_{eh} 是载流子浓度($n_{eh} = \langle N \rangle / V$)；$V$ 是一个球形量子点的体积；$\langle N \rangle$ 是每个量子点产生的平均激子个数。

$$\langle N \rangle = j_p \cdot \sigma_a(\nu_p) \qquad (8.3)$$

式中，j_p 是以光子/cm^2 为单位的泵浦能流。

基于以上的物理模型，在波长为 532nm，脉冲宽度为 100ps，峰值功率为 250kW，重复频率可调的泵浦脉冲下，得到单脉冲的泵浦通量为 8.4×10^{15} 光子/cm^2，而 4.4nm PbSe 量子点对泵浦光的吸收截面约为 $3 \times 10^{-16} \text{cm}^2$，因此每个量子点产生的平均激子数约为 $\langle N \rangle = 2.5$，最终获得 τ_{NR} 大约为 11.1ps，而荧光寿命是纳秒量级，以至于在辐射复合发生之前就已经发生了非辐射复合，从而会影响粒子数反转的产生。注意，当固定量子点直径和泵浦波长时，τ_{NR} 与 j_p^2 成反比。因此，当泵浦光的平均功率增加时，一种抑制俄歇复合的方法是保持 j_p 恒定（与单脉冲的能量成比例）。可以通过使用具有不同频率的斩波器来改变重复频率，而不改变单脉冲的能量来调制泵浦光的平均功率。因此，j_p 和 $\langle N \rangle$ 相应地保持不变。此外，我们将泵浦脉冲的重复频率保持在比跃迁概率低得多的水平，以免影响每个量子点的载流子密度。因此，每个量子点产生的平均激子个数不会随泵浦功率的增加而增加，俄歇复合率也不会相应地增加。

根据 Yu 等人报道的方法合成了粒径为 4.4nm 的 PbSe 量子点[156]。使用光谱仪记录 PbSe 量子点溶液的 Abs 和 PL 光谱，用以计算吸收和发射截面，如图 8.3 所示。观察到位于 1382nm 和 1456nm 的 Abs 和 PL 光谱峰，斯托克斯位移为 74nm。根据 Dai 等人报道的公式获得峰值吸收截面[86]，再根据 Abs 频谱获得了其他频率所对应的吸收截面。理论计算所用的折射率 n_{clad} 和 n_{core} 分别为 1.45 和 1.505。

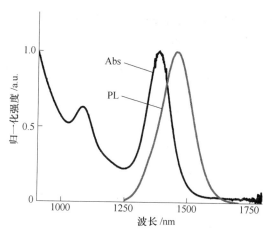

图 8.3　4.4nm PbSe 量子点溶液的吸收和发光光谱

8.2　PbSe 量子点光纤的受激辐射性质

基于多激子模型和上述分析过程，模拟光纤发光光谱特性与泵浦功率、光纤长度和掺杂浓度的关系。图 8.4（a）和（c）所示为计算的泵浦功率相关的发光光谱和自发辐射光谱，掺杂浓度为 $4.5 \times 10^{20}\,QDs/m^3$，光纤直径为

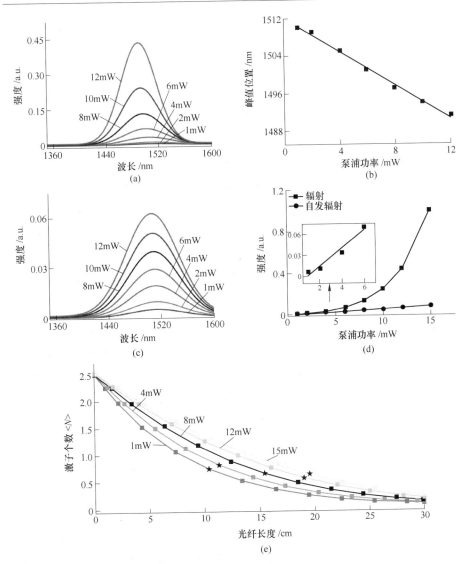

图 8.4   不同泵浦功率 (1~12mW) 下的光纤发光光谱 (a); 泵浦功率依赖的光纤
发光光谱的峰值位置 (b); 在不同泵浦功率 (1~12mW) 下的自发辐射光谱 (减去受
激辐射成分) (c); 光纤发光功率和自发辐射功率随着泵浦光的变化 (d) (插图: 泵
浦功率从 1mW 变为 6mW 时的放大图) 和在不同泵浦功率下, 随着光纤长度的增加, 每
个量子点产生的平均激子个数 (e) (星号表示在相关泵浦功率下的最佳光纤长度)

25μm, 光纤长度为 30cm; 图 8.4 (b) 所示为与泵浦功率有关的发光峰值位
置。图 8.4 (d) 所示为泵浦功率从 1mW 变化到 15mW 时光纤发光和自发辐
射功率的变化。可以看出: (1) 光纤发光的峰值位置随着泵浦功率的增加而

蓝移，与 1456nm 处的 PL 光谱相比发生了红移。（2）自发辐射功率随泵浦功率以大约 0.006/mW 的速度线性增加，对于 12mW 的泵浦光，半峰宽为 95.8nm。（3）光纤发光功率以相对于泵浦功率超线性的幅度增加，对于 12mW 的泵浦光，半峰宽为 63nm，这说明了受激辐射已经产生。插图显示，在小于 6mW 的泵浦功率下，随着泵浦功率的增加，发光功率以几乎线性的方式增加，在这种情况下，并未产生总体粒子数反转，自发辐射在光纤中起主要作用。红移已经在我们以前的工作中进行了解释，这归因于量子点的吸收光谱和发光光谱之间的重叠（如图 8.3 所示）。由于光纤中的光路很长，处于基态的 PbSe 量子点可以重新吸收其他量子点产生的较短波长的光。因此，与 PbSe 量子点溶液相比，较短波长的作用会减弱，因此光纤的发光光谱红移，这就是所谓的二次吸收发射效应。此外，高能级粒子数随泵浦功率的增加而迅速增加，因此，低能级粒子数将减少，导致二次吸收-发射概率降低，进而产生光谱的蓝移。另外，抑制了由俄歇衰变导致的辐射发光的减少，并且对蓝移的影响较小。

此外，我们还分析了随着泵浦功率的变化，在不同光纤长度时，每个量子点产生的平均激子个数，如图 8.4（e）所示，其中每个量子点产生的激子个数在光纤前端保持 2.5 不变，并随光纤长度的增加而降低，这是由于激光泵浦能量的消耗。最佳光纤长度（即在此光纤长度处输出功率达到最大值）随泵浦功率而增加，但平均激子个数在不同的最佳光纤长度处分别保持恒定在 0.75 左右，这意味着最佳输出功率产生于泵浦功率在光纤中衰减到具有相近值之处。

为了分析受激辐射的详细特征，研究不同光纤长度下的光纤发光特性，掺杂浓度为 $4.5 \times 10^{20} QDs/m^3$，光纤直径为 $25\mu m$，如图 8.5 所示。得出以下结论：（1）在同一泵浦光激发下，随着光纤长度的增加，光谱的半宽度变得更窄（如图 8.5（a）~（c）所示）；（2）峰值位置随着光纤长度的增加而红移，但随着泵浦功率的增加而蓝移（如图 8.5（d）所示）；（3）光纤发光功率随着泵浦功率从 1mW 改变到 15mW 而增加，受光纤长度的影响（如图 8.5（e）所示）。对于 5cm 的光纤，其发光功率随泵浦功率而增加，然后在较高的泵浦功率（例如 15mW）下趋于饱和；20cm 光纤的发光功率急剧增加，并随着泵浦的增加而持续增长，这表明饱和输出功率随着光纤长度的增加而增加。此外，对于一定的泵浦功率，可以获得最佳的光纤长度（20cm）。红移也取决于上述二次吸收-发射效应。更长的光纤会导致更严重的二次吸收发射，并因

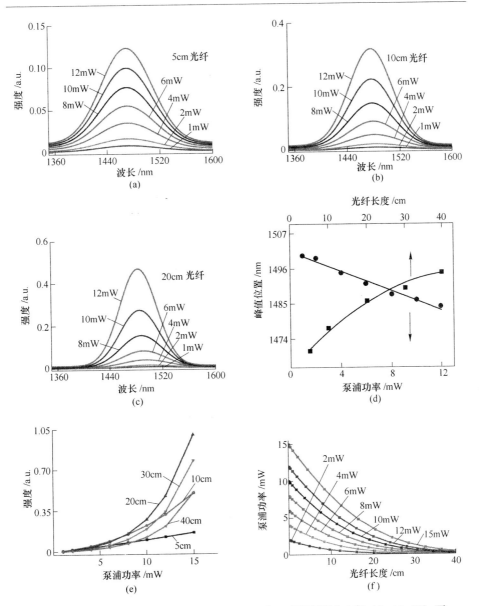

图 8.5 当光纤长度为 5cm、10cm 和 20cm 时，不同的泵浦功率（1~12mW）下的光纤发光光谱（a）~（c）；不同泵浦光（下横坐标）和光纤长度（上横坐标）时光谱的峰值位置（d）；对于不同的光纤长度，随着泵浦功率的变化，光纤发光功率的变化（e）和泵浦功率随光纤长度变化（0~40cm）而变化（f）

此导致更多的红移。蓝移主要归因于较高的泵浦功率导致的较少的二次吸收发射。泵浦功率依赖的发光与光纤长度有关，这一点可以通过图 8.5（f）进

行解释。当泵浦功率增加到 15mW 时，仅在 5cm 光纤末端消耗了大约 24.7%
的泵浦功率，但是由于光纤长度的限制，已经无法激发量子点。因此，发光
功率不再随着泵浦光功率的增加而增加并且趋于饱和。但是，对于更长的光
纤（例如，20~40cm），可以消耗大部分泵浦功率，从而获得最佳输出。太短
的光纤不能完全吸收泵浦光，导致输出功率饱和；相反，对于太长的光纤，
发光将被严重地二次吸收，从而导致输出功率的衰减。因此，必须同时选择
最佳光纤长度和适当的泵浦功率，以使受激辐射强度最大化。

　　在图 8.6 中还研究了掺杂浓度依赖的光纤发光光谱，其中光纤长度为
30cm，光纤直径为 25μm。研究发现：（1）随着量子点掺杂浓度的增加，光
谱峰值位置红移，而随着泵浦功率的增加，峰值位置蓝移（如图 8.6（a）~（c）
所示）。（2）发光功率随着泵浦功率从 1~15mW 的变化而增加，受掺杂浓度

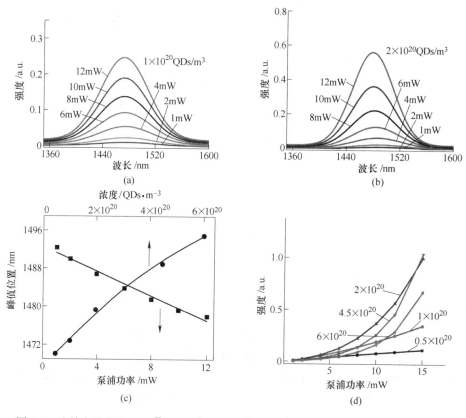

图 8.6　在掺杂浓度为 $1 \times 10^{20} QDs/m^3$ 和 $2 \times 10^{20} QDs/m^3$ 时，不同泵浦功率（1~12mW）
下的光纤发光光谱（a）和（b）；在不同的泵浦功率（下横坐标）和掺杂浓度（上横
坐标）下的光谱峰值位置（c）和发射功率随泵功率在不同浓度下的变化而变化（d）

的影响（如图 8.6（d）所示）。对于一定的泵浦功率，可以获得最佳掺杂浓度（4.5×10^{20} QDs/m^3），并且随着浓度的增加，可以观察到饱和输出功率的增加。红移归因于二次吸收-发射效应。较高的掺杂浓度导致更严重的二次吸收-发射，并因此导致更多的红移。蓝移归因于由于泵浦功率的增加导致的二次吸收发射概率的降低。泵浦功率依赖的光纤发光与掺杂浓度有关，这可以解释为，当泵浦功率达到某个特定值，例如 10mW 时，泵浦光不能在相对较低的浓度（例如，0.5×10^{20} QDs/m^3）时被完全吸收。但由于掺杂浓度和光纤长度的限制，此时无法激发量子点，因此发光功率不再随泵浦功率的增加而增加，而是趋于饱和。但是对于更高的掺杂浓度，泵浦功率可能会完全耗尽，从而获得最佳输出。较大的受激辐射也取决于最佳掺杂浓度和合适的泵浦光。

8.3 PbSe 量子点光纤的光学增益性质

图 8.7 所示为将泵浦光和信号光同时输入不同长度的光纤纤芯中，光纤

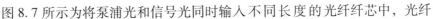
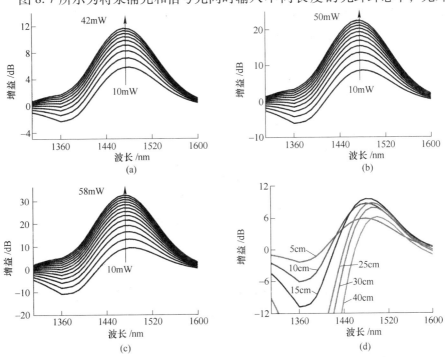

图 8.7　在光纤长度为 5cm、10cm 和 15cm 时的信号增益谱，泵浦功率变化范围分别是 10~42mW、50mW 和 58mW，变化间隔为 4mW（a）~（c）和当泵浦功率固定为 10mW 时，在不同光纤长度（5cm、10cm、15cm、25cm、30cm、40cm）下的信号增益频谱（d）

末端的信号增益的特性。图 8.7（a）~（c）所示为在掺杂浓度为 4.5×10^{20} QDs/m^3，光纤直径为 25μm，光纤长度分别为 5cm、10cm 和 15cm 时，泵浦功率依赖的信号增益谱。在 42mW、50mW 和 58mW 的泵浦功率下，光纤长度分别为 5cm、10cm 和 15cm 时，饱和增益可达 11.6dB、22.4dB 和 32.4dB。这表明饱和信号增益随光纤长度的增加而增加，但需要更高的泵浦功率来激发。此外，由于 4.4nm PbSe 量子点溶液第一激子吸收峰的存在（如图 8.3 所示）导致负增益的出现。在 10mW 泵浦功率下，与光纤长度相关的信号增益如图 8.7（d）所示。增益随着光纤长度的增加而增加，因为更长的光纤会引起更大的吸收。可以观察到 15cm 的最佳光纤长度和位于 1484nm 处的光学增益为 9.5dB。光纤太长或太短都会使信号增益降低，这意味着必须选择最佳光纤长度才能达到较高的信号增益。

　　如图 8.8 所示，在相同的光纤参数下，与采用基于单激子模型的计算结果相比，两种结果都具有相同的趋势，即信号增益随泵浦功率的增加而增加，并在较高的泵浦功率下趋于饱和。在多激子模型中，饱和信号增益约为 30dB，是单激子模型产生的 3dB 的 10 倍。

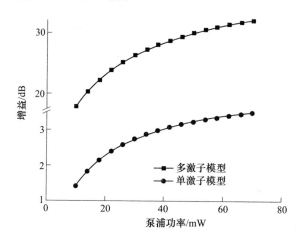

图 8.8　单激子模型和多激子模型下的泵浦功率依赖的光学增益

（光纤长度为 10cm，掺杂浓度为 4.5×10^{20} QDs/m^3）

8.4　本章小结

　　本章建立了基于多激子态的量子点光纤的理论模型，用以研究掺杂 PbSe 量子点的液芯光纤的受激辐射和光学增益。光纤发光光谱的半宽度的变窄和输出功率与泵浦功率的超线性强度依赖性证明了受激辐射的产生。随着光纤长度和掺杂浓度的增加，光谱向长波方向移动；但随着泵浦功率的增加，光谱向短波方向移动。当在不同的泵浦功率下并固定其他参数时，可获得最佳的光纤长度和掺杂浓度。饱和输出功率随光纤长度和掺杂浓度的增加而增加。最终，在 58mW 的泵浦功率下，使用 15cm 长的光纤，获得了约 30dB 的最大信号增益，并与单激子模型进行了比较。因此，必须选择最佳的光纤长度、掺杂浓度和适当的泵浦功率，以使受激辐射和信号增益最大化。该模型可用于分析基于多激子态的掺杂量子点液芯光纤的光学性能，适用于掺杂量子点的光纤放大器。

⑨ PbSe 量子点液芯光纤的温度效应

前几章分别从理论和实验方面研究了在不同参数影响下，PbSe 量子点液芯光纤的发光性质，这些参数包括光纤长度、光纤直径、量子点掺杂浓度以及泵浦功率，它们都是液芯光纤本身的影响因素。已有研究表明，当 PbSe 量子点的禁带宽度受到温度的影响，就会表现出与体材料不同的性质。本章主要研究受外界温度影响下的 PbSe 量子点液芯光纤的发光性质，以及影响发光性质的主要原因，并从理论上加以论证。

已有实验表明，半导体材料的禁带宽度是温度依赖的[157,158]，通常把禁带宽度随着温度的变化率称为温度系数（dE/dT）。常见的如 Si 材料的禁带宽度为 1.1eV，温度系数为 -2.8×10^{-4} eV/K[159]，负值代表随着温度的增加，禁带宽度减小，即光谱红移。PbSe 材料的温度系数为 4.4×10^{-4} eV/K，是正值，即随温度的增加，光谱蓝移。已有理论研究表明，产生这种变化关系的原因有两点：一是温度对晶格的膨胀作用[160]，二是激子与声子之间相互作用所导致的有效质量的改变[161,162]。用 Varshni 理论来描述半导体禁带宽度与温度的变化关系，即：

$$E_{g}(T) = E_{g}(0) - \frac{\alpha T^{2}}{T + \beta} \tag{9.1}$$

式中　α, β——与体材料的性质有关的常数；

　　　　T——半导体材料的热力学温度；

　$E_{g}(0)$——温度为零时的禁带宽度。

近几年来，半导体量子点的禁带宽度随着温度的变化性质的研究，引起了人们的关注，出现了若干的相关报道[163~166]。这些报道主要集中于实验上的定性研究。相关的研究结果表明，量子点材料的禁带宽度不但是温度依赖的，而且是尺寸依赖的[40]，如图 9.1 所示。

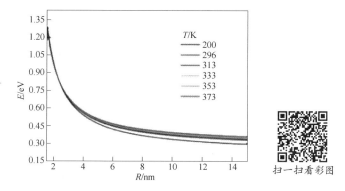

图 9.1 不同温度情况下, PbSe 量子点的禁带宽度与量子点半径 R 的关系曲线[40]

Yang Liu 等[167] 研究小组研究了 3.8nm 和 6.0nm 的 PbSe 量子点的温度特性, 研究发现, 3.8nm 的 PbSe 量子点的 PL 光谱随着温度的增加而峰值产生红移, 尺寸为 6.0nm 的 PbSe 量子点的 PL 光谱随着温度的增加而峰值产生蓝移, 如图 9.2 所示。

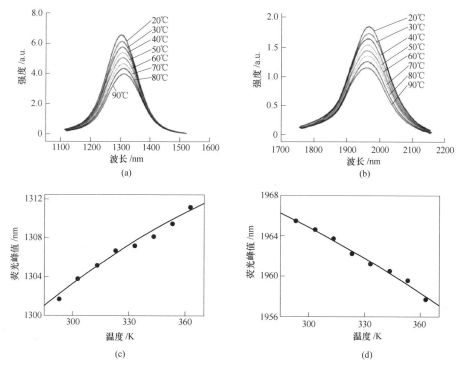

图 9.2 直径为 3.8nm 和 6.0nm PbSe 量子点的 PL 光谱随温度的变化关系
(图 (a) 和 (b)) 与尺寸为 3.8nm 和 6.0nm 的 PbSe 量子点 PL 光谱
的峰值位置随温度的变化关系 (图 (c) 和 (d))[167]

受到上面实验结论的启发，我们认为，由于存在光纤的限制作用，PbSe 量子点液芯光纤在温度影响下，GSE 光谱会发生一些与量子点 PL 光谱不同的变化现象。原因是由于量子点溶液和光纤壁在外界温度变化情况下，折射率都要发生变化，那么量子点液芯光纤中 GSE 将会发生模式泄漏，从而影响光谱的性质。基于以上的考虑，本章重点研究在外界温度变化的情况下，PbSe 量子点液芯光纤的 GSE 光谱特征。

9.1　PbSe 量子点液芯光纤温度特性实验设计

实验时，按照第三章介绍的 PbSe 量子点的胶体化学合成方法，制备了两个尺寸的 PbSe 量子点，分别为 4.5nm 和 3.8nm。再将 PbSe 量子点样品溶解在四氯乙烯溶剂中（浓度为 $7.2 \times 10^{15} \mathrm{QDs/cm^3}$），并密封于比色皿中，上面所有操作都是在氮气环境（手套箱）中进行的，以防止在制作和测量过程中被空气氧化。吸收和发射光谱如图 9.3 所示。从图 9.3（a）中可以看出，4.5nm PbSe 量子点溶液的 PL 光谱的吸收峰值为 1401nm，发光峰值为 1481nm，斯托克斯位移为 80nm；从图 9.3（b）中可以看出，3.8nm PbSe 量子点溶液的 PL 光谱的吸收峰值为 1205nm，发光峰值为 1289nm，斯托克斯位移为 84nm，略大于 4.5nm PbSe 量子点的斯托克斯位移。

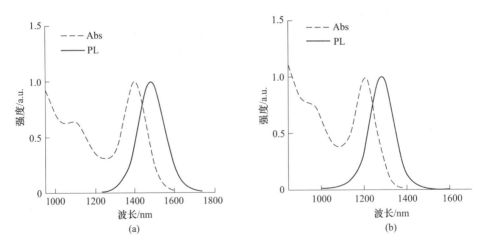

图 9.3　尺寸分别为 4.5nm（a）和 3.8nm（b）的 PbSe 量子点溶液的 Abs 和 PL 光谱

（在 1cm 比色皿中测得）

按照 5.2 节介绍的液芯光纤的制作方法，做成 PbSe 量子点液芯光纤，在光学实验台上搭建并调试光路进行测试。实验装置如图 9.4 所示。激发光源采用的是 532nm 连续激光器，功率为 200mW，通过一组透镜耦合进入液芯光纤，光纤出射端连接到光谱仪狭缝，从而进行光谱测试。图中方框区域为加热区，温度控制范围为 23~80℃。

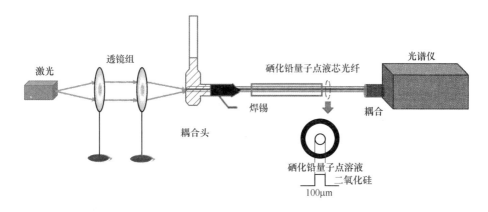

图 9.4　GSE 光谱随温度变化实验的实验装置图

9.2　PbSe 量子点液芯光纤温度特性的实验研究

选择两种直径不同的 PbSe 量子点（分别为 4.5nm 和 3.8nm），研究在外界温度的影响下的 PbSe 量子点液芯光纤的 GSE 光谱特征。几个不同的温度分别为 23℃、30℃、40℃、50℃、60℃、70℃ 和 80℃。另外三个实验参数分别为：光纤长度为 25cm，掺杂浓度为 $7.2 \times 10^{15} \mathrm{QDs/cm^3}$，泵浦功率为 200mW。测得的 GSE 光谱变化如图 9.5 所示。

图 9.5（a）和图 9.5（b）所示分别为尺寸为 4.5nm 和 3.8nm PbSe 量子点液芯光纤在不同外界温度影响下的 GSE 光谱。向下的箭头表示外界温度的增加。可以看到，随着外界温度从 23℃ 增加到 80℃，GSE 光谱峰值位置产生红移。红移产生的原因为：（1）PbSe 量子点溶液本身的温度效应，由文献 [165] 可知，小尺寸 PbSe 量子点在外界温度增加时，PL 光谱的峰值位置会发生红移。（2）光纤中的二次吸收-辐射效应所导致的光谱红移。（3）溶剂在近红外区微弱的吸收也会或多或少产生红移。以上三方面的原因导致了 GSE 光谱的红移。

图 9.5（c）和图 9.5（d）所示分别为两种尺寸的 PbSe 量子点液芯光纤

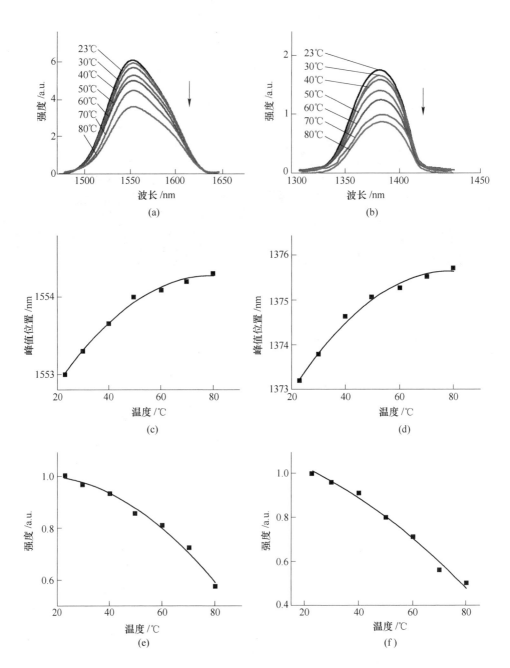

图 9.5 尺寸为 4.5nm 和 3.8nm PbSe 量子点液芯光纤在不同外界温度影响下的 GSE 光谱（图（a）和(b)），两种尺寸量子点光纤 GSE 光谱峰值位置随温度的变化曲线（图(c) 和（d)）与两种尺寸量子点光纤 GSE 光谱的峰值强度随温度的变化曲线（图（e）和（f)）

的 GSE 光谱峰值位置随外界温度的变化曲线。可以看出，两种尺寸的峰值位置均发生了红移，但是 3.8nm 的 GSE 光谱红移更大。产生这种现象的原因为：小尺寸 PbSe 量子点溶液本身的 PL 光谱的红移比较大。如图 9.6 所示是测得的两种尺寸 PbSe 量子点溶液的 PL 光谱峰值波长随温度的变化关系。可以看出，小尺寸的 PbSe 量子点的红移率（大约为 0.109nm/℃）要大于大尺寸量子点的红移率（大约为 0.054/℃）。

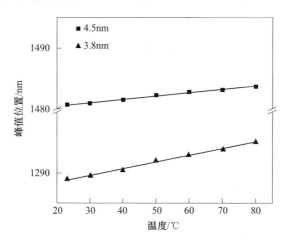

图 9.6　尺寸分别为 4.5nm 和 3.8nm 的 PbSe 量子点
溶液的 PL 光谱的峰值位置随温度的变化关系

图 9.5（e）和图 9.5（f）所示分别为两种尺寸的 PbSe 量子点液芯光纤的 GSE 光谱峰值强度随外界温度的变化曲线。可以看出，两种尺寸量子点的 GSE 光谱峰值强度均随温度的增加而下降。一方面，光纤是通过纤芯与光纤壁之间的全反射来传输光的，当外界温度变化时，纤芯和光纤壁的温度都会随之产生变化，这时二者的折射率就会减小，如果纤芯折射率减小的速率大于光纤壁折射率的减小速率，就产生更多的模式泄漏，从而使输出光谱强度下降；另一方面，PbSe 量子点溶液本身的 PL 光谱强度也会随着温度的增加而减小。两方面原因共同导致了实验所测量的 GSE 光谱强度的减小。

9.3　PbSe 量子点液芯光纤温度特性的理论模拟

利用第 4 章建立的理论模型进行理论模拟。公式中与温度有关的因素分别为光纤中传输的频率、每个频率成分对应的吸收和辐射截面、光纤芯和光纤壁的折射率以及光纤中归一化横模强度分布，此时的粒子数分布如下：

$$n_1 = n_t \frac{1 + \sum_{\nu_s = \nu_1}^{\nu_m} \frac{\sigma_e[\nu_s(T)]}{h\nu_s(T)} \tau_R i_{\nu_s}(r,T) P_{\nu_s}(z) + \frac{\tau_R}{\tau_{NR}} C}{1 + \tau_R \left[\sum_{\nu_s = \nu_1}^{\nu_m} \frac{\sigma_e[\nu_s(T)]}{h\nu_s(T)} i_{\nu_s}(r,T) P_{\nu_s}(z) + \sum_{\nu_s = \nu_0}^{\nu_m} \frac{\sigma_a[\nu_s(T)]}{h\nu_s(T)} i_{\nu_s}(r,T) P_\nu(z) + \frac{\sigma_a(\nu_p)}{h\nu_p} i_{\nu_p}(r,T) P_p(z) \right] + \frac{\tau_R}{\tau_{NR}} C}$$

$$(9.2)$$

$$n_2 = n_t \frac{\tau_R \left[\frac{\sigma_a(\nu_p)}{h\nu_p} i_{\nu_p}(r,T) P_p(z) + \sum_{\nu_s = \nu_0}^{\nu_m} \frac{\sigma_a[\nu_s(T)]}{h\nu_s(T)} i_{\nu_s}(r,T) P_{\nu_s}(z) \right]}{1 + \tau_R \left[\sum_{\nu_s = \nu_1}^{\nu_m} \frac{\sigma_e[\nu_s(T)]}{h\nu_s(T)} i_{\nu_s}(r,T) P_{\nu_s}(z) + \sum_{\nu_s = \nu_0}^{\nu_m} \frac{\sigma_a[\nu_s(T)]}{h\nu_s(T)} i_{\nu_s}(r,T) P_{\nu_s}(z) + \frac{\sigma_a(\nu_p)}{h\nu_p} i_{\nu_p}(r,T) P_p(z) \right] + \frac{\tau_R}{\tau_{NR}} C}$$

$$(9.3)$$

光纤中的功率传输方程为：

$$\frac{dP_s(z)}{dz} = \sigma_e[\nu_s(T)] \int_0^R i_{\nu_s}(r,T) n_2(r,z,T) [P_s(z) + mh\nu_s \Delta\nu_s] 2\pi r dr -$$

$$\sigma_a[\nu_s(T)] \int_0^R i_{\nu_s}(r,T) n_1(r,z,T) P_s(z) 2\pi r dr - l_\nu P_s(z) \quad (9.4)$$

$$\frac{dP_p(z)}{dz} = -\sigma_a(\nu_p) \int_0^R i_{\nu_p}(r,T) n_1(r,z,T) P_p(z) 2\pi r dr - l_\nu P_p(z) \quad (9.5)$$

其中 $i(r, T)$ 是归一化的横模强度，表达式为：

$$i(r,T) = \frac{[J_0[V(T)]]^2}{2\pi \int_0^R [J_0[V(T)]]^2 r dr} \quad (9.6)$$

　　为了研究不同情况时的温度效应，选择光纤直径为 $40\mu m$，量子点的掺杂浓度为 $4.5 \times 10^{15} \mathrm{QDs/cm}^3$，泵浦功率为 100mW，选择光纤长度分别为 30cm、40cm、50cm、60cm，量子点的直径为 3.3nm。理论模拟结果如图 9.7 所示。

　　从图中可以看出：

　　（1）在不同的光纤长度情况下，输出光谱的峰值位置均随温度的增加向长波方向移动，即发生红移。原因是：一方面，吸收光谱和辐射光谱重叠部分内所有的频率成分既可以被 PbSe 量子点吸收，也可以被发射。由于光纤的限制作用，量子点产生的荧光会被收集并传播，小尺寸的量子点发出的荧光可以被未被激发的较大尺寸的量子点吸收，向外辐射一个波长更长的光，因

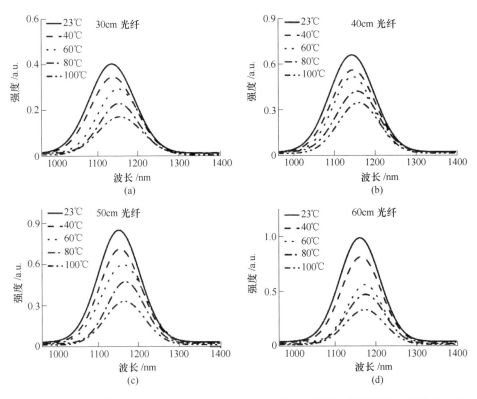

图 9.7　光纤长度分别为 30cm、40cm、50cm、60cm 时，不同温度情况下的光纤输出光谱

而光纤出射端的光谱整体向长波方向移动，即二次吸收-发射效应。另一方面，小尺寸量子点溶液的带隙能随着温度的增加而减小[168]，波长随温度的增加而增大，因此光谱也会产生红移（如图 9.8 所示）。PbSe 量子点光纤光谱的红移速率小于 PbSe 量子点溶液，因为光纤发射光谱强度随温度的增加而降低，因此导致红移变慢。以上两方面的原因，共同导致了光谱的红移。

（2）在不同的光纤长度情况下，输出光谱的峰值强度随着温度的增加而降低。原因有两点：一方面由于量子点溶液发光的热淬灭引起强度降低（式（9.7））[169]：

$$I_{PL}(T) = \frac{I_0}{1 + A\exp\left(-\dfrac{E_a}{K_B T}\right) + B\left[\exp\left(\dfrac{E_{LO}}{K_B T}\right) - 1\right]^{-m}} \tag{9.7}$$

式中　$I_{PL}(T)$ ——在温度为 T 时的归一化荧光强度；

I_0——温度为 0K 时的归一化荧光强度；

E_a——激活能；

m，E_{LO}——参与载流子热逃逸的长光学声子的个数和能量；

K_B——玻尔兹曼常数；

A，B——热激活和热逃逸与辐射跃迁概率之比。

可见，随温度的增加，光强减小。

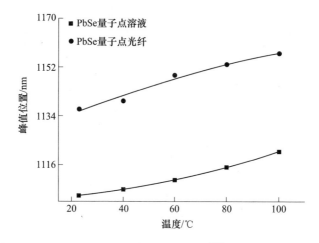

图 9.8　3.3nm PbSe 量子点溶液（实验值）[40] 和 30cm PbSe 量子点
液芯光纤的发光峰值位置随温度的变化（实线是拟合结果）

另一方面，根据 Zhang 等人的报道，辐射功率在光纤中沿径向的分布满足零阶贝塞尔函数，即：

$$P_s(r_j, \lambda) = \left[\frac{J_0(V_j)}{J_0(V_1)} \right]^2 P_s(r_1) \tag{9.8}$$

式中　$P_s(r_1)$——基模的辐射功率；

V_j——归一化频率，可以写为：

$$V_j = \frac{2\pi}{\lambda} \sqrt{n_{core}^2 - n_{clad}^2} \, r_j \tag{9.9}$$

n_{core} 和 n_{clad} 是光纤纤芯和包层的折射率，所以光纤横截面上总的辐射功率为：

$$P_s(\lambda) = \sum_{j=1}^{M} P_s(r_j, \lambda) = \frac{P_s(r_1)}{[J_0(V_1)]^2} \sum_{j=1}^{M} [J_0(V_j)]^2 \tag{9.10}$$

式中　M——光纤纤芯中传导的模式数：

$$M(T) = \frac{4r^2}{\lambda^2} [n_{core}^2(T) - n_{clad}^2(T)] \tag{9.11}$$

式中 r——光纤纤芯的半径；

   λ——光纤中传输的波长。

所以，光纤中传输的功率随着模式数目的增加而增加，模式数目与纤芯和包层的折射率差有关。由于纤芯由 PbSe 量子点溶液组成，其折射率随温度的增加而降低[170]，包层由 SiO_2 组成，其折射率随温度的增加而增加，导致模式数目随温度的增加而减少，所以辐射强度下降。

不同光纤长度时的辐射峰值位置及峰值强度随温度的变化关系如图 9.9 所示。从图 9.9（a）中可以看出，在同一温度下，辐射谱的峰值位置随着光纤长度的增加而产生红移；在同一光纤长度下，辐射谱的峰值位置随着温度的增加也产生红移，且红移速率比较一致。从图 9.9（b）中可以看出，在同一温度下，辐射谱的峰值强度随着光纤长度的增加而增强；但是随着光纤长度的继续增加，增强的趋势越来越不明显甚至开始下降。在同一光纤长度下，辐射谱的峰值强度随着温度的增加而减弱，并且随着光纤长度的继续增加，强度以更快的速率衰减。因为光纤长度越长，对泵浦光的吸收越多，当光纤长度达到 60cm 时，由于泵浦光的衰减使得光纤中不再产生辐射，而更多的是量子点对光的吸收和由于温度的增加而产生的模式泄漏，因此，光强的衰减更快。

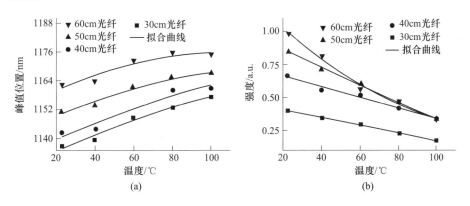

图 9.9 不同光纤长度时辐射的峰值位置（a）及峰值强度（b）随温度的变化关系

另外，为了研究掺杂浓度影响下的光谱，选择光纤直径为 $40\mu m$，光纤长度为 50cm，泵浦功率为 100mW，量子点的掺杂浓度为 $3\times10^{15} QDs/cm^3$、$4.5\times10^{15} QDs/cm^3$、$5\times10^{15} QDs/cm^3$ 和 $6\times10^{15} QDs/cm^3$，利用 matlab 软件进行数值模拟，结果如图 9.10 所示。从图中可以看出，不同浓度情况下，输出光谱的峰值位置均随温度的增加而产生红移，峰值强度均随温度的增加而衰减。

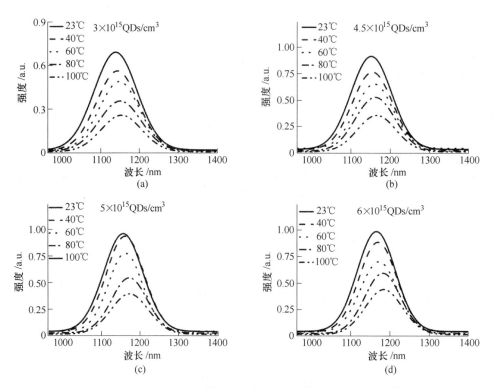

图 9.10   掺杂浓度分别为 $3×10^{15}$ QDs/cm^3 、 $4.5×10^{15}$ QDs/cm^3 、 $5×10^{15}$ QDs/cm^3

和 $6×10^{15}$ QDs/cm^3 时，不同温度情况下的光纤输出光谱

从图 9.11 （a） 中可以看出，在同一温度下，辐射谱的峰值位置随着掺杂浓度的升高而产生红移；当掺杂浓度相同时，辐射谱的峰值位置随着温度的增加也产生红移，且红移速率比较一致。从图 9.11 （b） 中可以看出，在同一温度下，辐射谱的峰值强度随着掺杂浓度的升高而增强，但是随着浓度的继续升高，增强的趋势越来越不明显；在掺杂浓度相同时，辐射谱的峰值强度随着温度的增加而减弱，并且强度衰减速率比较一致。首先，量子点溶液发光的热淬灭引起发光强度的降低 （见式 （9.7）） ；其次，随着温度的增加，纤芯的折射率降低，但是随着浓度的增加，纤芯的折射率增加，这样导致纤芯的折射率变化比较小 （与图 9.9 （b） 比较） ，因此光纤中由于模式泄漏产生的光强衰减不明显。

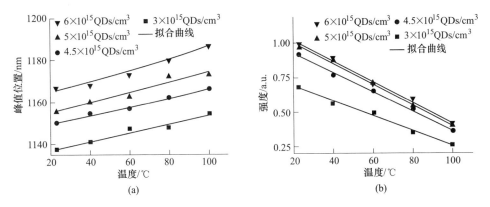

图 9.11 不同掺杂浓度时辐射的峰值位置（a）及峰值强度（b）随温度的变化关系

9.4 本章小结

本章首先从实验角度研究了在外界温度影响下的 GSE 光谱特征，发现随着温度的增加，GSE 光谱的峰值位置和峰值强度都发生变化：峰值位置发生红移，其中小尺寸 PbSe 量子点光纤的红移更大一些；两种尺寸在温度增加时，峰值强度都减小。利用这一特征，可以将其制作成 PbSe 量子点液芯光纤温度传感器。然后利用第 4 章建立的理论模型，考虑到温度的影响，理论模拟了 GSE 光谱峰值强度随着外界温度的变化关系。计算结果表明：在不同的光纤长度情况下，发光光谱的峰值位置随温度的增加而产生红移，峰值强度随温度的增加而减小。随着光纤长度的增加，光谱的峰值位置具有相近的红移速率，但发光强度衰减速率变大。在不同的掺杂浓度情况下，发光光谱的峰值位置随温度的增加而产生红移，峰值强度随温度的增加而减小。随着掺杂浓度的升高，光谱的峰值位置具有相近的红移速率，发光强度具有相近的衰减速率。

⑩ PbSe/CdSe 核壳量子点光纤光谱的理论模拟

虽然对于 PbSe 量子点掺杂光纤的研究已经取得了一系列的研究成果，但是 PbSe 量子点材料在某些方面不具有明显的优势，例如，在空气中的稳定性较低[115]，以及它的斯托克斯位移和荧光寿命等的性质都限制了光纤发光的强度，进而限制了它们在各个领域中的应用。近年来，随着核/壳量子点合成技术的发展与不断完善，特别是离子交换方法的进一步成熟，对核/壳量子点的制备和表征的研究一直备受关注。研究人员已经使用几种不同的方法成功地合成了 PbSe/CdSe 核/壳量子点，并证明了通过包覆 CdSe 壳层可以显著提高 PbSe 量子点的稳定性[87,171,172]，如图 10.1 所示。尽管与普通的 PbSe 量子点相比，核/壳量子点材料表现出出色的光学性能。但是，对于 PbSe/CdSe 核/壳量子点掺杂光纤的性能研究却很少，至少在文献中很少能够查阅到。

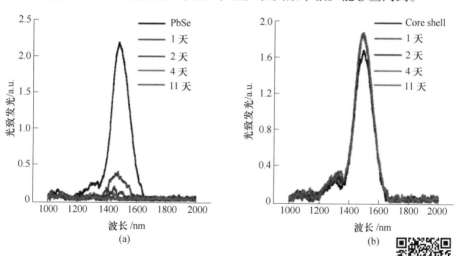

图 10.1　PbSe 量子点和 PbSe/CdSe 量子点的稳定性对比[171]

扫一扫看彩图

本章将 PbSe/CdSe 核/壳量子点用作光纤掺杂剂，研究量子点光纤的发光特性（发光强度和峰值位置）。计算输出光谱特性随着光纤长度、光纤直径、量子点直径、量子点掺杂浓度和泵浦功率的变化，并综合分析尺寸效应和俄歇复合效应。最后，将获得的发光性能与掺杂 PbSe 量子点的光纤进行比较与分析。

10.1 相关参数说明

PbSe/CdSe 核/壳量子点溶液的吸收光谱具有两个吸收峰，这表明它们的能级结构可以近似为与 PbSe 量子点相同的三能级系统。另外，PbSe/CdSe 核/壳量子点属于 I 型系统，即电子和空穴的波函数全部限制在 PbSe 核中。根据前面的分析，PbSe/CdSe 核/壳量子点具有与普通 PbSe 量子点相似的电子跃迁和激子复合过程。具体的跃迁和辐射过程在第 4 章已经进行了详细阐述，这里不再赘述。

PbSe/CdSe 核/壳量子点材料的吸收（Abs）和光致发光（PL）光谱来自文献 [173]，其作者使用最近报道的阳离子交换方法，将 Pb 用于 Cd 离子交换反应，将 PbSe 量子点转换为 PbSe/CdSe 核/壳胶体量子点。量子点的整体大小和形状在离子交换后保持不变，因此离子交换反应的持续时间决定了 CdSe 壳的厚度和 PbSe 核的大小。已合成了三个样品：样品 1 是 3.7nm PbSe 量子点；样品 2 是 3.7nm PbSe/CdSe 核/壳量子点，核直径为 3.2nm；样品 3 是 4.2nm PbSe/CdSe 核/壳量子点，核直径为 2.1nm，图 10.2 所示为三个样品的吸收（Abs）光谱、光致发光（PL）光谱和计算出的斯托克斯位移、荧光寿命和吸收截面，同时将这些参数列在表 10.1 中以进行比较。

从图 10.2 中可以看出，与 3.7nm PbSe 量子点相比，通过阳离子交换产生的 CdSe 壳的生长导致 PbSe 核尺寸的减小，使得 PbSe/CdSe 核壳量子点的 Abs 光谱和 PL 光谱都发生蓝移。另外，这三个样品的 PbSe 核尺寸与实验测得的第一激子吸收峰之间的关系与 Dai 等人报道的 PbSe 量子点的经验公式一致[115]。进一步说明了 PbSe/CdSe 核壳量子点的发光原理与 PbSe 相同。样品 3 的斯托克斯位移最大，可以有效减少光在光纤纤芯中传输时产生的二次吸收损耗。图 10.2（e）是根据实验数据[173]通过指数拟合获得的，表明样品 3 的荧光寿命最长，这对于提高光纤的发光强度具有重要意义。图 10.2（f）是根据量子点尺寸计算的吸收截面，其中样品 1 具有最大的吸收截面。

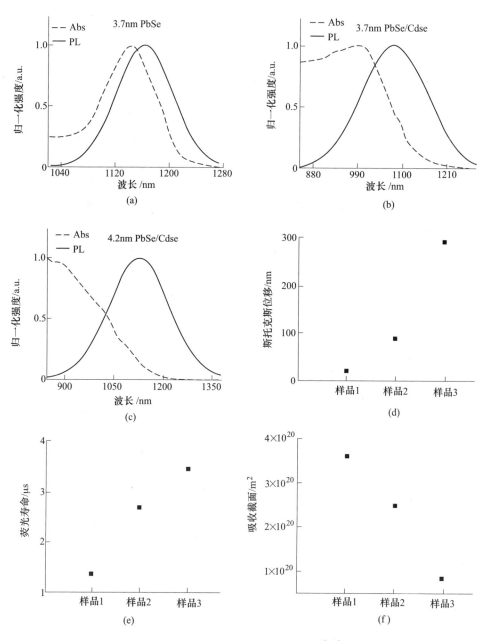

图 10.2　三个样品的 Abs 和 PL 光谱[161]

（a）3.7nm PbSe 量子点（样品 1）；

（b）3.7nm PbSe/CdSe 核/壳量子点，核尺寸为 3.2nm（样品 2）；

（c）4.2nm PbSe/CdSe 核/壳量子点，核尺寸为 2.1nm（样品 3）；

（d），（e），（f）三个样品的斯托克斯位移、荧光寿命和吸收截面

表 10.1　三个样品的光学性质参数[173]

三种样品	吸收峰位置/nm	发光峰位置/nm	斯托克斯位移 /nm	半峰宽/nm
3.7nm PbSe	1143	1165	22	99
3.7nm PbSe/CdSe	997	1085	88	192
4.2nm PbSe/CdSe	838	1130	292	221

10.2　增强的 PbSe/CdSe 核壳量子点光纤发光强度

将量子点溶液（溶解在溶剂中的 PbSe 或 PbSe/CdSe 量子点）灌装到空心光纤中，制备量子点掺杂的光纤。当使用凸透镜将激光源耦合到光纤纤芯中时，光纤中的量子点将被激发并发光，由于光波导的限制在光纤中传输。理论计算基于该实验过程和上述三个样品。将三个样品的相关数据代入第 4 章关于 PbSe 量子点掺杂光纤的理论模拟公式中，可以得到掺杂光子点的光纤的发光特性。

这部分理论计算是在表 10.2 所示的参数下进行的。比较量子点掺杂光纤的发光性能在不同掺杂物质时的情况，从图 10.3（a）、图 10.3（b）和图 10.3（d）中可以看到，PbSe/CdSe 核壳量子点掺杂光纤的最佳发光强度比普通的 PbSe 量子点掺杂光纤的发光强度更大，这意味着 PbSe/CdSe 核壳量子点可以更好地用作光纤掺杂剂。此外，比较图 10.3（b）~（d）可以看出，样品3 掺杂光纤的发光强度要比样品 2 掺杂光纤的发光更强。原因是样品 3 的斯托克斯位移比较大，其二次吸收损耗（由吸收光谱和发射光谱的重叠引起）较小。图 10.3（e）进一步证明了红移由于斯托克斯位移的增加而减小。另外，样品 3 具有更长的荧光寿命，使得高能级的粒子更容易积聚，从而增加受激辐射的概率，导致发光强度增加。此外，当光纤长度过长时，泵浦光将被完全吸收，因此不再产生自发辐射，而已经产生的辐射将被多余的量子点吸收，从而出现最佳的光纤长度。从图 10.3（f）可以看到，由于较大的斯托克斯位移和更长的荧光寿命，样品 3 掺杂的光纤具有更长的最佳光纤长度。

表 10.2　理论计算参数

掺杂浓度/QDs·m^{-3}	光纤直径 /μm	泵浦功率/mW	泵浦波长/nm
4.5×10^{20}	60	100	532

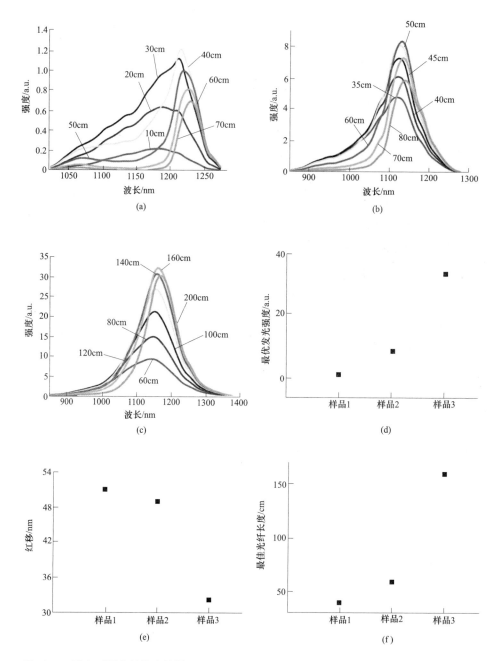

图 10.3　具有不同光纤长度的样品 1（a）、样品 2（b）和样品 3（c）掺杂光纤的发射光
谱，计算得到的三个样品掺杂光纤的最佳发射强度（d），三个样品掺杂光纤的最佳发射
光谱相对于 PL 光谱的红移量（e）和三个样品掺杂光纤的最佳光纤长度（f）
（横坐标轴上标记的 " 1、2 和 3" 分别表示掺杂有样品 1，样品 2 和样品 3 的光纤）

10.3　PbSe/CdSe 量子点光纤发光的综合尺寸效应

　　除了量子点的成分和尺寸外，光纤尺寸（光纤长度和直径）也会影响光谱特性。因此研究分别掺杂样品 1 和样品 3 的光纤的综合尺寸效应，并进行比较。最终得出以下结论：（1）当光纤直径固定时，量子点光纤发光峰波长随着光纤长度的增加而发生红移；而当光纤长度固定时，量子点光纤发光峰波长随着光纤直径的增加而发生红移（如图 10.4（b）和图 10.4（d）所示）。（2）存在一个最佳的光纤长度使得其发光强度最强，最佳光纤长度随着光纤直径的增加而减小（如图 10.4（a）和图 10.4（c）所示）。（3）有一个特殊的光纤长度，对于样品 3 掺杂的光纤，长度约为 80cm，对于样品 1 掺杂的光纤，长度约为 37cm。当大于特殊光纤长度时，光纤发光强度随光纤直径的增加而降低；当小于特殊光纤长度时，发光强度随着光纤直径的增加而增加。（4）掺杂样品 3 的光纤比掺杂样品 1 的光纤具有更明显的尺寸效应，因为它们的荧光寿命更长，斯托克斯位移更大。以直径为 20μm 的光纤为例，样品 3 掺杂光纤的发光强度随光纤长度的变化率约为 0.7/cm，样品 1 掺杂光纤的发光强度随光纤长度的变化率约为 0.06/cm。另外，为了验证理论模型的正确性，我们将实验数据[174]绘制在图 10.4（c）中，其中光纤发光强度先随光纤长度的增加而增加，然后减小，得到使得发光最强的最佳光纤长度。值得注意的是，由于实验中的掺杂浓度（$7.2 \times 10^{21} \text{QDs/m}^3$）比理论计算要高，因此实验中的最佳光纤长度比理论计算的略短，为此，将光纤长度进行了平移，以便与理论计算进行比较。此外，实验中较大的掺杂浓度会导致发光强度的过早衰减，但变化趋势与理论结果相符。

　　在固定的激发功率下，达到最强光纤发光（在最佳光纤长度下）所需的量子点掺杂数量是一定的。因为当量子点掺杂数量过多时，泵浦光将被过量的量子点完全吸收，并且不再发生自发发射。而量子点掺杂数量取决于固定掺杂浓度下的光纤长度和光纤直径。因此，当确定激发功率和掺杂浓度时，最佳光纤长度随着光纤直径的增加而减小。此外，当光纤相对较短时，掺杂的量子点的数量随光纤直径的增加而增加，从而导致光纤发光增加；同时，辐射功率沿径向的分布满足零阶贝塞尔函数，可以写为[175]：

$$P_\text{s}(\lambda) = \sum_{j=1}^{M} P_\text{s}(r_j, \lambda) = \frac{P_\text{s}(r_1)}{[J_0(V_1)]^2} \sum_{j=1}^{M} [J_0(V_j)]^2 \qquad (10.1)$$

式中　　V_j——归一化频率；

　　　　M——纤芯中传播的模式数，表示为：

$$M = \frac{4R^2}{\lambda^2}(n_{\text{core}}^2 - n_{\text{clad}}^2) \tag{10.2}$$

式中　　n_{core}，n_{clad}——光纤纤芯和包层的折射率；

　　　　R——光纤半径。

　　因此，更大的光纤直径导致更多的模式在光纤中传播，这也有助于增强光纤发光强度。但是，当光纤较长时，由于光纤中较强的吸收，使得光纤发

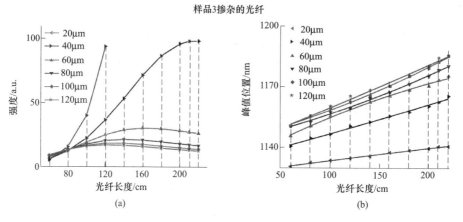

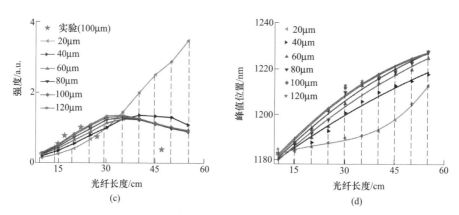

图 10.4　当样品 3 和样品 1 掺杂的光纤的光纤直径分别为 20μm、40μm、60μm、80μm、

100μm 和 120μm 时，发光强度和光谱的峰值位置随光纤长度的变化

（实心点是计算数据，实线是为了比较而加入的多项式拟合线，星形符号表示在光纤直径

为 100μm，掺杂浓度为 7.2×10^{21} QDs/m³ 和泵浦波长为 532nm 时的实验数据[174]）

光强度随光纤直径的增加而降低。

量子点的掺杂数量是另一个影响光纤发光特性的重要参数，该参数由固定光纤长度和光纤直径下的掺杂浓度决定。因此，研究掺杂样品 1 和样品 3 的两根光纤的光谱特性。两根光纤分别具有不同的量子点浓度范围，光纤长度为 40cm，光纤直径为 40μm。图 10.5 表明，随着两根光纤中量子点浓度的增加，光纤发射光谱的峰值波长发生红移。样品 1 掺杂光纤的波长随浓度的红移更明显，因为其斯托克斯位移较小。对于掺有样品 1 的光纤，当掺杂浓度超过最佳点（约 $5 \times 10^{20} \mathrm{QDs/m^3}$）时，发射强度首先增大，然后减小。但是，在掺杂样品 3 的光纤的理论浓度范围内，其发光强度一直在增加。

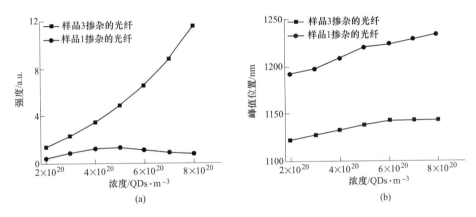

图 10.5 掺杂样品 3 和样品 1 的光纤的发光光谱的强度（a）和
峰值位置（b）随着量子点掺杂浓度的变化

可以看出，与 PbSe 量子点相比，掺杂 PbSe/CdSe 量子点的光纤发光强度受量子点尺寸和光纤尺寸的影响更为明显。这样可以在较小范围内更改这些参数，以实现光纤发光强度更大程度的增强。同样，在实际应用中，要适当控制这些尺寸参数，以使发光强度最大化。

10.4 PbSe/CdSe 量子点光纤发光的俄歇复合效应

研究表明，对于量子点掺杂光纤，产生更高的光纤发射强度的必要条件是利用较高的激发能进行激发，但是，高的激发能会激发一个量子点产生多个激子，称为多激子态，此时由于超快的非辐射俄歇复合效应，将导致发光衰减。因此，使用掺杂浓度为 $4.5 \times 10^{20} \mathrm{QDs/m^3}$，光纤长度为 40cm 和光纤直径为 40μm 的光纤，计算光纤发光强度随着泵浦功率的变化情况，相应的结果如图 10.6 所示。研究发现，对于样品 1 掺杂的光纤，其发光强度随着泵浦功率的增加而增加，然后在较高功率（大于 30mW）时开始下降，这表明在选择的参数下，最佳泵浦功率在 30mW 左右。但是，对于样品 1 掺杂的光纤，随着泵浦功率的不断增加，其发光强度首先增大，然后趋于饱和。

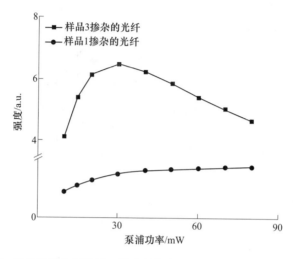

图 10.6　掺杂样品 3 和样品 1 的光纤的发光光谱强度随泵浦功率的变化

非辐射跃迁（Auger 复合）寿命可写为[176]：

$$\tau_{NR} = (C_A n_{eh}^2)^{-1} = \left(C_A \frac{\langle N \rangle^2}{V^2} \right)^{-1} \tag{10.3}$$

$$C_A = \beta_A (D/2)^3, \quad \beta_A = 2.69 nm^3/ps$$

式中　V——量子点的体积；

　　　D——量子点的直径；

　　$\langle N \rangle$——每个量子点产生的平均激子数，$\langle N \rangle = j_p \sigma_a (\lambda_p)$；

　　j_p——泵浦能流，其与泵浦功率成正比；

$\sigma_a (\lambda_p)$——量子点对泵浦光的吸收截面。

　　将 $\langle N \rangle$ 代入式（10.3），可以得到：

$$\tau_{NR} = \frac{16\pi^2}{72\beta} \cdot \frac{D^3}{\sigma_a^2} \cdot \frac{1}{j_p^2} = k \cdot \frac{1}{j_p^2} \tag{10.4}$$

PbSe/CdSe 核壳量子点材料与 PbSe 量子点相比具有更大的系数 k，因此随着泵浦功率的增加，非辐射跃迁寿命降低得更快（对应于非辐射概率的增加），这导致了早期光纤发射强度的衰减。对于掺杂 PbSe/CdSe 核壳量子点的光纤，尽管其俄歇复合效应更为严重，但是与掺杂 PbSe 量子点的光纤相比，它们的发射强度仍得到增强。这是因为 PbSe/CdSe 核壳量子点的荧光寿命更长，斯托克斯位移更大。

10.5 本章小结

本章主要研究了利用 PbSe/CdSe 核壳型量子点材料作为光纤掺杂剂时，其对于量子点掺杂光纤的发光波长和发光强度的影响。当分别以 3.7nm PbSe 量子点、2.1/4.2nm PbSe/CdSe 核壳量子点和 3.2/3.7nm PbSe/CdSe 核壳量子点作为光纤掺杂剂时，量子点掺杂光纤的发光情况有所不同。研究发现，与普通的 PbSe 量子点材料相比，PbSe/CdSe 核壳型量子点材料是使得光纤发光的更强更好的光纤掺杂剂。因为其具有更大的 Stokes 位移、更长的荧光寿命和更稳定的发光强度。2.1/4.2nm PbSe/CdSe 核壳量子点材料比尺寸为 3.2/3.7nm 的材料具有更大的 Stokes 位移和更长的荧光寿命，因此发光更强。另外，当泵浦功率不变，而光纤长度和光纤直径变化时，PbSe/CdSe 核壳型量子点掺杂光纤的发光峰值波长和发光强度变化更加明显，即具有更强的尺寸效应，因此可以通过较小程度改变核壳型量子点掺杂光纤的各项参数，更大程度地提高其发光质量。当光纤尺寸不变，而泵浦功率增强时，虽然 PbSe/CdSe 核壳型量子点掺杂光纤的发光强度提前衰减（俄歇复合效应更加明显），但是与普通的 PbSe 量子点掺杂的光纤相比，其发光强度仍然较强。此种方法是提高量子点掺杂光纤的发光强度的一种重要途径。

11 CuInS₂/ZnS 核壳量子点光纤光谱的理论模拟

虽然对于 PbSe 量子点掺杂光纤的研究已经取得了一定的研究成果，也证实了 PbSe 量子点是量子点光纤的良好掺杂剂，但是，更强的光纤发光取决于量子点材料的更大的斯托克斯位移和更长的荧光寿命[177]、更大的辐射截面和更小的俄歇复合概率[178]。PbSe 量子点的斯托克斯位移为几十毫电子伏特，表明吸收（Abs）和荧光（PL）光谱之间有很大的重叠，因此，量子点发出的光在光纤纤芯中传输时会被部分重吸收，从而导致发光的损耗。此外，较短的荧光寿命会阻碍高能级粒子的积聚，进而影响受激发射。因此，迫切需要具有较大的斯托克斯位移和长荧光寿命的量子点材料对光纤进行掺杂，从而提高其发光的性能。

Ⅰ-Ⅲ-Ⅵ₂ 族化合物由于具有光学、电学的可调控性，受到了研究学者的广泛关注。CuInS₂ 作为 Ⅰ-Ⅲ-Ⅵ₂ 族代表性的材料，被认为是最受欢迎同时最有前景的材料。目前，关于 CuInS₂ 量子点的制备主要得到了 CuInS₂ 颗粒、纳米棒、纳米微晶等。通过溶剂热方法得到的 CuInS₂ 量子点不仅均匀、分散，同时性能优越，条件易于控制。最近，已经报道了 CuInS₂/ZnS 核壳量子点（或以其他材料作为壳结构进行包覆）的合成和光学性质[179~182]。它们具有较大的斯托克斯位移，已证明为数百毫电子伏特，这归因于与缺陷相关的辐射过程[183~185]。也有许多研究表明，较大的斯托克斯位移是由于价带顶部和局部空穴状态之间的能量差引起的[186]。此外，CuInS₂/ZnS 量子点具有长荧光寿命、绿色且无毒。CuInS₂/ZnS 量子点的这些特征使其特别适合用作光纤掺杂剂以改善光纤发光的性质。此外，掺杂 ZnCuInS/ZnSe/ZnS 量子点的光纤发光光谱已经有人进行了测试[75]，为计算提供了实验依据。因此，本章从理论上计算 3.8nm CuInS₂/ZnS 量子点掺杂光纤的发光特性随着光纤长度、掺杂浓度和泵浦功率的变化。此外，在相同的计算参数下，将获得的发光特性与掺杂 3.8nm PbSe 量子点的对照样品进行比较。最后，将理论结果与文献中的实验数据进行比较。

11.1 CuInS₂ 量子点及其核壳结构的研究进展

CuInS₂ 量子点是 I-Ⅲ-Ⅵ族重要的半导体材料，具有低毒、颗粒尺寸小、发光峰位可调、半峰宽较宽和高的热稳定性等优势。包覆宽带隙无机壳层 ZnS 后得到 CuInS₂/ZnS 量子点的量子产率超过 80%，具有优异的光电性质，符合照明下转换材料的要求。CuInS₂/ZnS 量子点的合成方法通常有一锅法和溶剂热法。一锅法又分为一锅热注入法和一锅非热注入法[185]。

2012 年，Song 等人[187]采用溶剂热法，通过控制成核时间合成不同荧光峰位的 CuInS₂/ZnS 量子点。如图 11.1 所示，成核 2h 和 5h 后包覆壳层得到的量子产率分别为 55% 和 91%，半峰宽较宽。合成过程简单、产量高，可一次性合成 2.8g。

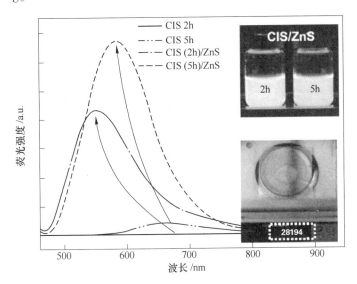

图 11.1 不同成核时间得到的量子点的荧光光谱图、光学照片及粉末称量图[187]

2014 年，Chuang 等人[188]采用逐步溶剂热法合成 CuInS₂/ZnS 量子点，采用正十二硫醇作为反应溶剂来平衡反应活性。如图 11.2 所示，通过改变铜铟比，包覆壳层之后合成的量子点相对 CuInS₂ 核量子点荧光峰位蓝移，且在 550~610nm 范围内连续可调，量子点具有较好的荧光性质。相对于前驱体热注入法，溶剂热法合成量子点在高压反应釜中进行，反应过程相对简单易控，并且在密闭体系中可以有效避免制备对空气敏感的前驱体及有毒物质的挥发。

2015 年，Park 等人[189]采用一锅热注入法合成核/壳/壳结构 CuInS₂/ZnS/

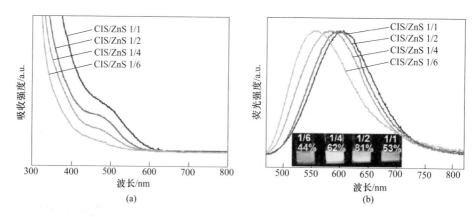

图 11.2　不同 Cu/In 下量子点的吸收光谱（a）、荧光光谱（b）及量子点光学照片[188]

ZnS 量子点，制备金属盐前驱体，并采用正十二硫醇作为溶剂合成了核/壳/壳-多壳层结构的量子点。如图 11.3 所示，包覆壳层后，量子点荧光峰位逐渐蓝移，这是由于核壳界面处形成了合金结构，导致量子点带隙增加。一锅热注入法也称前驱体法，需要制备阳离子前驱体，在高温环境下注入到反应溶液中。该方法合成量子点具有优异的荧光性质，量子产率也较高。但前驱体的制备过程相对烦琐，且合成反应条件苛刻、工艺复杂、实验可控性差。

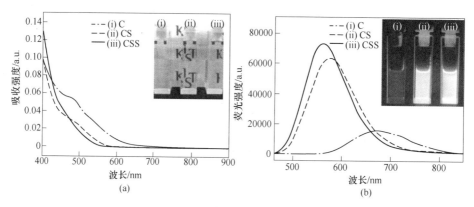

图 11.3　合成量子点的吸收光谱图及光学照片（a）和
量子点的荧光光谱图及光学照片（b）[189]

　　2016 年，Berends 等人[183]研究了 CuInS₂ 量子点、CuInS₂/ZnS 量子点以及 CuInS₂/CdS 量子点的辐射和非辐射性质。使用时间分辨的光致发光和瞬态吸收光谱研究了 CuInS₂ 纳米晶体中的激子复合途径。将具有低量子产率的 CuInS₂ 纳米晶体与具有更高量子产率的核/壳纳米晶体（CuInS₂/ZnS 和

CuInS₂/CdS）进行比较，得到量子点的复合机理为导带的电子与局域的空穴之间的复合（如图 11.4 所示）。此外，发现具有较低量子产率的纳米晶体中的光致发光猝灭涉及电子和空穴的最初非耦合的衰减途径。电子衰变途径决定了激子是辐射复合组还是非辐射复合。因此，高质量 CuInS₂ 纳米晶体的开发应集中在消除电子陷阱上。

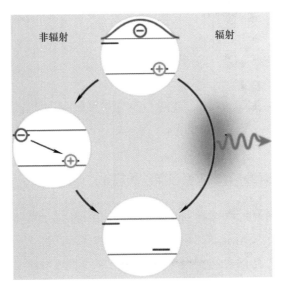

图 11.4　CuInS₂ 量子点的激子复合过程[183]

11.2　CuInS₂ 量子点及其核壳结构的应用领域

11.2.1　CuInS₂/ZnS 量子点在白光 LED 中的应用

白光 LED 具有寿命长、效率高、低能环保等优点，可以取代白炽灯、荧光灯等高能耗的照明设备，被称作是"第四代照明光源"。量子点因其独特的优势，作为下转换荧光材料开始进入白光 LED 研究领域，并取得了一定的进展。Woo-Seuk Song 等人[187]在无镉体系的基础上，将一锅法合成的发光峰位为 512nm 的绿光 InP 量子点和发光峰位为 583nm 橙光 CuInS₂/ZnS 量子点用环氧树脂混合均匀后，点涂到蓝光 InGaN 芯片上。在工作电流为 20mA 的情况下，器件的色温为 3803K，显色指数达到 90，白光器件的 EL 光谱及色坐标等如图 11.5 所示。

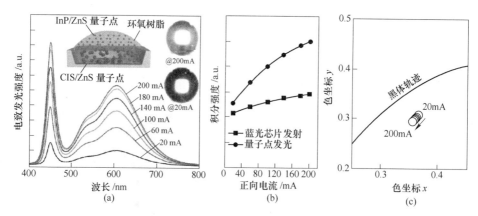

图 11.5 EL 光谱（a）、蓝光芯片和量子点发光强度对比（b）和
不同电流下色坐标（c）[187]

11.2.2 ZnCuInS/ZnSe/ZnS 量子点在液芯光纤中的应用

胶体量子点具有可调的发射波长、高光致发光量子产率和较宽范围的吸收，其在光纤中作为掺杂剂的应用具有很大的优势。然而，大多数量子点在其吸收和光致发光光谱之间有很大的重叠，导致重吸收损失，阻碍了长距离波导的实现。因此，Wu 等人[75]提出将具有较大斯托克斯位移的 ZnCuInS/ZnSe/ZnS 量子点掺杂到液芯光纤中，制作成量子点液芯光纤（如图 11.6 所示）。他们合成了平均尺寸为 3.3nm 的 ZnCuInS/ZnSe/ZnS 量子点，还研究了量子点光纤的光学特性与光纤长度和掺杂浓度的关系。与 CdSe/CdS/ZnS 量子点掺杂光纤的对照样品进行了对比（如图 11.7 所示），发现 ZnCuInS/ZnSe/ZnS 量子点的光纤显示出减少的二次吸收和增强的信号传播，这表明光波导器件中，较大的斯托克斯位移的量子点具有更大的潜力。

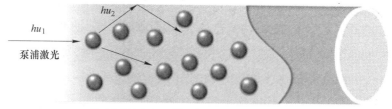

图 11.6 ZnCuInS/ZnSe/ZnS 量子点掺杂光纤的结构[75]

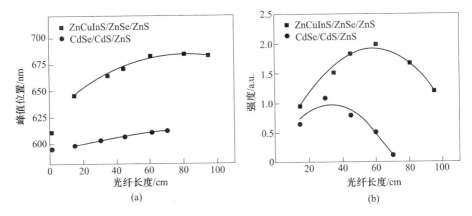

图 11.7　两种量子点掺杂光纤的发射峰值位置随光纤长度变化关系的对比（a）和两种量子点掺杂光纤的发射峰强度随光纤长度变化关系的对比（b）[75]

11.2.3 CuInS₂ 量子点在太阳能电池中的应用

11.2.3.1 无机太阳电池[190]

CuInS₂ 纳米材料在无机太阳电池中的应用较早且效率较高，Czekelius 等人[191]将胶体化学法合成的 CuInS₂ 前驱液滴涂在沉积了 ZnO 的 ITO 膜上，转移至真空干燥箱，在 400℃退火 20min~10h，再蒸镀 Au 电极，制作了 ZnO：CuInS₂ 双层电池（如图 11.8 所示）。Panthani[192] 等人利用胶体化学法合成 CuInS₂，将 Cu(acac)₂、In(acac)₃ 分散在二氯代苯中，再加入 S，在 180℃反应得产物，离心后分散在四氯乙烯中，滴涂到玻璃基片上，充分干燥，制作 Mo/CuInS₂/CdS/ZnO/ITO 太阳电池。Li[193] 等人在 ITO 上旋涂含有 In(OAc)₃、CuI、硫脲、丁铵及丙酸的前驱液，再在惰性气氛中缓慢升温至 250℃，退火后形成 CuInS₂ 纳米薄膜，再旋涂含有 CdCl₂、硫脲、丁铵及丙酸的前驱液，在惰性气氛中退火后形成 CdS 纳米薄膜，沉积两层 CdS 薄膜后蒸镀 80nm 厚的 Al 电极，可以获得 0.588V 的 V_{oc}，12.38mA/cm² 的 J_{sc}，54.8%的 FF 及 4%的 η。

11.2.3.2 敏化太阳电池

CuInS₂ 纳米材料在敏化电池中应用较多，主要是在金属氧化物（ZnO 或

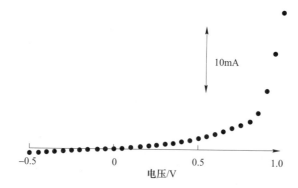

图 11.8　纳米晶体 ITO/ZnO/CIS/Au 电池的暗电流-电压特性，
在实验室环境条件下采用正向偏置[191]

TiO₂）上作为敏化剂。Kuo[194] 等人首先利用高温溶剂法合成 Zn-CuInS₂ 量子点，再经配位基交换形成亲水性的量子点溶液，将烧结后的 ZnO 薄膜浸入溶液中充分浸泡后取出，可在 ZnO 薄膜表面组装 CuInS₂/ZnS 复合量子点，在 I^-/I_3^- 电解质中制作敏化电池，获得了 0.71% 的效率，如图 11.9 所示。Li[193] 等人将 CuInS₂ 量子点经配位基交换后分散在乙醇溶液中，再将锐钛矿 TiO₂ 或 P25 的多孔膜浸泡在该分散液中，经过吸附得到黄铜矿型 CuInS₂ 量子点敏化的 TiO₂ 或 P25 多孔膜电极，在多硫电解质中制作了量子点敏化太阳电池，在 0.23V 的偏压及短路条件下分别获得了 1.9% 及 1.2% 的光化学效率。

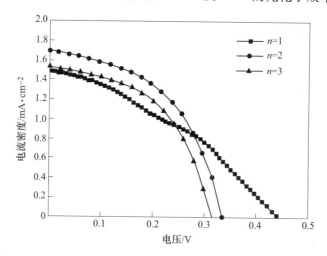

图 11.9　Zn-CIS QDs-DSSC 器件的电流-电压特性，在模拟的 AM 1.5 太阳
光照下（100mW/cm²），有效面积为 0.28cm²[194]

11.2.3.3 聚合物太阳电池

CuInS$_2$ 纳米材料在聚合物太阳电池中的应用较少，目前普遍效率也较低。Arici[195]将黄铜矿型 CuInS$_2$ 纳米颗粒（7nm×15nm）与 PEDOT：PSS 制作了太阳电池，V_{oc} 为 0.15V，J_{sc} 为 4μA/cm^2，AM 1.5（80mW/cm^2）下 η 仅为 0.003%。Piber[196]等人制作了 MEH-PPV/CuInS$_2$ 共混性体型异质结太阳电池，随着两组分相对比例的变化，V_{oc}、J_{sc} 及 η 分别为 0.36~0.48V、2.7~46.6μA/cm^2 和 0.0004%~0.011%。可见，聚合物/CuInS$_2$ 太阳电池效率较低，在聚合物中添加 1-(3-甲氧基羰基)丙基-1-苯［6，6］C$_{60}$（PCBM）可明显提高该类电池效率，Nam[197]等人将 P3HT/PCBM/CuInS$_2$-QDs 三组分共混后制作的器件的性能明显提高，获得 10.12mA/cm^2 的 J_{sc} 及 2.76%的 η（如图 11.10 所示）。

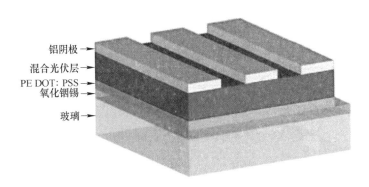

图 11.10 带有混合 PV 层的电池的结构示意图

（整体结构为 ITO 涂层玻璃/PEDOT：PSS/P3HT：PCBM：CIS QDs/Al[197]）

11.3 CuInS₂/ZnS 量子点光纤理论模型的建立

将 CuInS$_2$/ZnS 量子点溶液灌装到二氧化硅空心毛细管中制备出掺杂量子点的光纤（如图 11.11（a）所示）。当将连续的激光源耦合到光纤纤芯中时，光纤中的量子点将被激发并发光，利用光谱仪记录光纤末端的出射光谱。计算是基于上述实验框架和一个理想的理论模型，其中假设光纤笔直，量子点的形状为球形，量子点的掺杂浓度恒定、均匀。最近报道了 CnInS$_2$ 量子点及其核-壳结构的能级结构、电子跃迁和激子复合过程，如图 11.11（b）所示[186,198,199]，其中导带电子是非局域载流子，而空穴在激发不久后就被局域（在亚皮秒的时间尺度上），是局域载流子[186]。因此，CuInS₂/ZnS 核壳量子点的能级可以近似为一个简单的两能级系统，如图 11.11（c）所示。

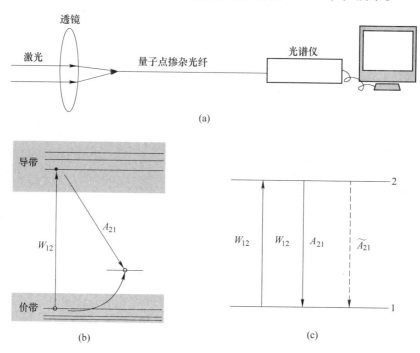

图 11.11　用于光谱测量的量子点掺杂光纤的实验图（a），CuInS₂/ZnS 核壳量子点的
能级结构，电子跃迁和激子复合过程示意图（b）和二能级系统结构图（c）
（实心黑点表示非局域的导带电子，空心黑点表示局域化的空穴，
直线箭头和虚线箭头分别表示辐射复合和非辐射复合）

当量子点被短波长泵浦光激发时，电子以概率 W_{12} 跃迁到较高的能级，此时价带中产生的空穴迅速定位在 Cu⁺ 离子能级上，然后导带上的非局域电子通过自发发射与空穴重新结合，概率为 A_{21}。然而，与局域空穴复合的局域电子主要由概率为 $\tilde{A}_{21}$ 的非辐射跃迁所占据。此外，量子点发出的荧光（当灌装到光纤后）也可以激发其他量子点，概率为 W_{12}。能级 2 的粒子也可以通过受激发射以概率 W_{21} 返回到基态。由于光纤中的全反射，产生的量子点自发辐射可以沿光纤纤芯传输。需要注意的是，高功率的泵浦光激发量子点，可以使每个点产生一个以上的激子，并且量子点中多激子态的复合主要由非辐射俄歇复合决定[150]，我们的理论模型也考虑了这一点。下面使用一组速率方程来分

析光纤中的某一点在两个能级上的粒子数分布：

$$\frac{\mathrm{d}n_1}{\mathrm{d}t} = -W_{12}n_1 + (W_{21} + A_{21} + \tilde{A}_{21})n_2 \tag{11.1a}$$

$$\frac{\mathrm{d}n_2}{\mathrm{d}t} = W_{12}n_1 - (W_{21} + A_{21} + \tilde{A}_{21})n_2 \tag{11.1b}$$

$$n_t = n_1 + n_2 \tag{11.1c}$$

式中，n_1、n_2 和 n_t 分别为能级 1、2 的粒子数密度和总的粒子数密度。

在稳态近似下，方程式（11.1）可以写为：

$$n_1 = n_t \frac{1 + W_{21}\tau_R + \dfrac{\tau_R}{\tau_{NR}}C}{1 + \tau_R\left(W_{12} + W_{21} + \dfrac{C}{\tau_{NR}}\right)} \tag{11.2a}$$

$$n_2 = n_t \frac{W_{12}\tau_R}{1 + \tau_R\left(W_{12} + W_{21} + \dfrac{C}{\tau_{NR}}\right)} \tag{11.2b}$$

式中 τ_R——自发辐射寿命，$\tau_R = 1/A_{21}$；

τ_{NR}——非辐射跃迁寿命，并可以写为 $\tau_{NR} = 1/(C_A n_{eh}^2)$ [173]；

n_{eh}——载流子浓度，$n_{eh} = N/V$；

N——每个量子点产生的激子个数（$\langle N \rangle = j_p\sigma_a$）；

C_A——与量子点直径（D）相关的参数，对于 2.6/3.8nm CuInS$_2$/ZnS

　　核壳量子点，$C_A = 20\times10^{-20}$ cm^6/s；

σ_a——量子点对泵浦光的吸收截面；

j_p——泵浦能流，photos/cm^3；

V—— 一个量子点的平均体积；

C——辐射跃迁和非辐射跃迁的比例系数。

利用功率传输方程，描述整个光纤中量子点发光功率和泵浦功率的传播：

$$\frac{\mathrm{d}P_{\lambda_s}(z)}{\mathrm{d}z} = \sigma_e(\lambda_s)\int_0^R i_s(r)n_2(r,z)[P_{\lambda_s}(z) + mh\nu_s\Delta\nu_s]2\pi r\mathrm{d}r -$$

$$\sigma_a(\lambda_s)\int_0^R i_s(r)n_1(r,z)P_{\lambda_s}(z)2\pi r\mathrm{d}r - l_\nu P_{\lambda_s}(z) \tag{11.3}$$

$$\frac{\mathrm{d}P_p(z)}{\mathrm{d}z} = -\sigma_a(\lambda_p)\int_0^R i_p(r)n_1(r,z)P_p(z)2\pi r\mathrm{d}r - l_\nu P_p(z) \tag{11.4}$$

式中　　　　　　　　　　　P——传播功率；

$\sigma_a(\lambda_s)$，$\sigma_e(\lambda_s)$，$\sigma_a(\lambda_p)$——量子点发光波长的吸收截面和辐射截面，以及量子点对泵浦波长的吸收截面；

$i_s(r)$，$i_p(r)$——归一化的横模强度分布；

l_v——额外的光纤损耗；

$\Delta\nu_s$——有效噪声带宽；

m——在光纤中传输的模式数。

方程式（11.3）等号右侧的第一项代表发射，第二项代表吸收，最后一项代表额外的光纤损耗。

考虑到光纤长度、掺杂浓度和泵浦功率的影响，可以通过上述理论模型和公式得到并分析 CIS/ZnS 核壳量子点掺杂光纤的光谱特性。

11.4　相关参数的说明

CuInS₂/ZnS 量子点溶液的 Abs 和 PL 光谱如图 11.12（a）所示，用以计算量子点的吸收和辐射截面。可以看出，在 510nm 附近的吸收光谱上有一个不太明显的峰，在 600nm 附近存在 PL 光谱峰。CuInS₂/ZnS 核壳量子点的透射电子显微镜（TEM）图像如图 11.12（b）所示，得到量子点的平均大小为 3.8nm。CuInS₂ 核的尺寸约为 2.6nm，根据[200]：

$$D = 68.952 - 0.2136\lambda_{PL} + 1.717 \times 10^{-4}\lambda_{PL}^2 \qquad (11.5)$$

式中　λ_{PL}——PL 光谱的峰值位置。

CuInS₂/ZnS 核壳量子点的吸收截面可以从在第一跃迁带（$E = 3.1\text{eV}$）以上的光子能量下的摩尔消光系数获得，可以写为[201]：

$$\varepsilon(3.1\text{eV}) = 10175D^3 \qquad (11.6)$$

式中　D——CuInS₂ 核的尺寸。

因为 ZnS 壳的厚度对 CuInS₂ 量子点的摩尔消光系数影响很小[200]，所以这里的 D 表示 CuInS₂ 核的尺寸。

已有报道表明发射波长为 625nm 的 CuInS₂/ZnS 量子点的荧光寿命为 357ns[186]，随 PL 光谱峰值位置的减小而减小[202]，因此我们估计 2.6/3.8nm 的 CuInS₂/ZnS 量子点的荧光寿命为 345ns。在目前合成的 CuInS₂/ZnS 核壳量子点中，荧光量子产额可以达到 70%[186]，非常接近 PbSe 量子点材料。因此，本节的计算是在相同的荧光量子产额下进行的。

PbSe 量子点的 Abs 和 PL 光谱如图 11.12（c）所示，相关参数的计算已在先前报道[178,203]。此外，CuInS$_2$/ZnS 量子点和 PbSe 量子点的参数以及相应的量子点掺杂光纤的参数已经列在表 11.1 中。

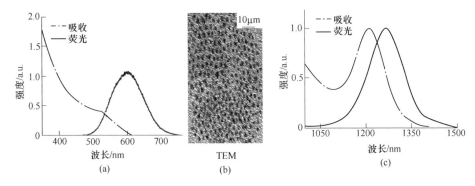

图 11.12　CuInS$_2$/ZnS 核壳量子点的吸收（Abs）和光致

发光（PL）光谱（a），CuInS$_2$/ZnS 核壳量子点的 TEM 图像（b）

（平均粒径为 3.8nm）以及 3.8nm PbSe 量子点的 Abs 和 PL 光谱（c）

表 11.1　两种量子点材料及相应的量子点光纤的计算参数

样品	量子点尺寸（核/总）/nm	σ_a/m^2	荧光寿命/ns	Stokes 位移/meV	C_A/cm$^6 \cdot$ s^{-1}	光纤直径/μm
CuInS$_2$/ZnS	2.6/3.8	2.84×10^{-20}	345	365	20×10^{-30}	40
PbSe	3.8/3.8	3.8×10^{-20}	290	44	18.5×10^{-30}	40

11.5　CIS/ZnS 量子点掺杂光纤的发光性质

图 11.13（a）所示是在不同的光纤长度（5～60cm）下，掺杂浓度为 5×10^{20}QDs/m^3、泵浦功率为 100mW 时的 CuInS$_2$/ZnS 量子点掺杂光纤的发光光谱图。图 11.13（b）和图 11.13（c）所示分别是随着光纤长度的变化，发光的峰值位置和归一化的发光强度。峰值位置随光纤长度的增加而出现明显的红移。发光强度随着光纤长度从 5～15cm 的增加而增加，然后随着光纤长度的增加而略有下降，这表明在 15cm 光纤长度下发光最强。光谱的这些特征与之前对于 PbSe 量子点掺杂光纤发光性质的观察结果一致。红移主要可以通过量子点溶液的 Abs 和 PL 光谱之间的重叠来解释，如图 11.13（a）所示。当量子点发光通过光纤纤芯中的长路径传输时，会被相对较大的量子点重新吸收，

发出具有更长波长的光子，这是二次吸收−发射效应。较长的光纤长度导致更严重的二次吸收−发射，并因此导致更大的红移。另外，当光纤长度达到一定值时，泵浦光将被完全吸收，并且较高能级粒子数的减少会导致量子点发光的减少。因此，观察到最佳光纤长度为 15cm 左右。

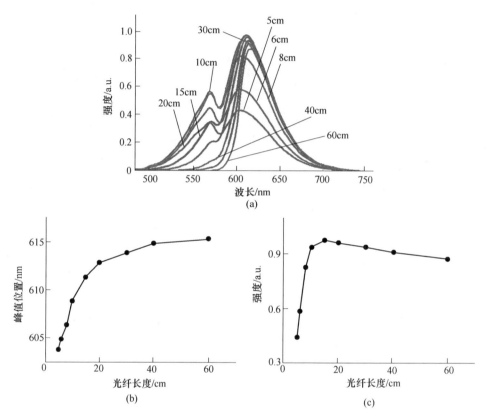

图 11.13　CuInS₂/ZnS 量子点掺杂光纤在不同光纤长度（5~60cm）时的发光光谱（a）和量子点掺杂光纤的发光峰值位置和归一化发光强度随着光纤长度的变化（（b）和（c））

　　图 11.14 所示是在 40cm 的光纤长度和 100mW 的泵浦功率下，与量子点掺杂浓度相关的发光光谱、峰值位置和发射强度的计算结果。随着掺杂浓度的增加，红移变得更加明显。在其他参数一定的情况下，存在最强的发光，相应的掺杂浓度为 $2×10^{20}$QDs/m³。红移与上述二次吸收−发射效应有关。更高的浓度导致更强的二次吸收，因此导致更大的红移。在量子点浓度不太高且泵浦功率恒定的条件下，高能级粒子数随掺杂浓度的增加而增加。但是，当掺杂浓度高于一定值时，由于泵浦功率的限制，高能级的粒子数将不再增加。

量子点将不再被激发，并且已经发出的光将被过量的量子点粒子重新吸收或散射，从而导致发射强度下降。

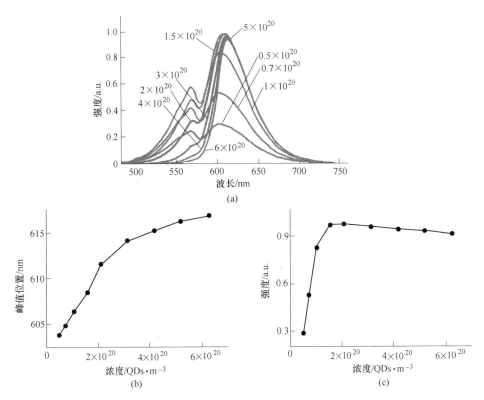

图 11.14　CuInS$_2$/ZnS 量子点掺杂光纤在不同掺杂浓度（0.5×10^{20} ~ 6×10^{20} QDs/m^3）时的发光光谱（a）和量子点掺杂光纤的发光峰值位置和归一化发光强度随着掺杂浓度的变化（（b）和（c））

图 11.15 所示是掺杂浓度为 5×10^{20} QDs/m^3，光纤长度为 30cm CuInS$_2$/ZnS 量子点掺杂光纤的发光光谱、峰值位置和发光强度随着泵浦功率的变化。发光强度随泵浦功率的增加而增加，但逐渐变得饱和，这可以归因于非辐射俄歇衰变。一方面，泵浦功率（或泵浦能流 j_p）的增加使得较高能级的粒子更容易积聚，从而增加了受激发射的可能性；另一方面，增加的载流子浓度 n_{eh} 使得非辐射俄歇复合更容易发生，从而减少了光纤中的发光。在这种竞争机制下，产生了最佳发光强度。此外，在光谱中没有观察到发光峰值位置随着泵浦功率的明显红移。

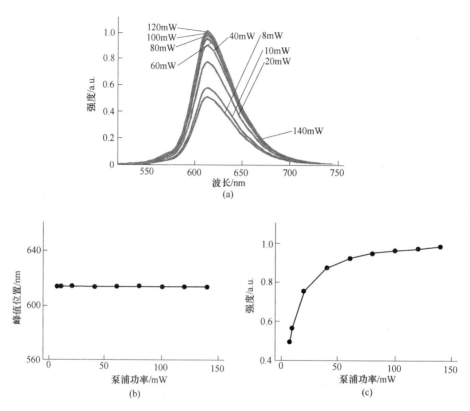

图 11.15   CuInS$_2$/ZnS 量子点掺杂光纤在不同泵浦功率（8~140mW）时的发光光谱（a）和量子点掺杂光纤的发光峰值位置和归一化发光强度随着泵浦功率的变化（（b）和（c））

11.6   CuInS$_2$/ZnS 核壳量子点掺杂光纤中增强的发射、传播和光谱稳定性

为了进行比较，在相同参数下计算了掺杂 3.8nm PbSe 量子点的对照样品的发光光谱。图 11.16（a）和图 11.16（b）所示是掺杂浓度为 5×10^{20} QDs/m^3 的 CuInS$_2$/ZnS 核壳量子点和 PbSe 量子点掺杂光纤发光峰值位置与发光强度随光纤长度的变化，泵浦功率和波长分别为 100mW 和 308nm。在图 11.16（a）中，随着光纤长度的增加，光谱峰值位置的红移速率对于 CuInS$_2$/ZnS 量子点掺杂的光纤为 0.24nm/cm，对于 PbSe 量子点掺杂的光纤为 2.17nm/cm。CuInS$_2$/ZnS 量子点掺杂的光纤具有更高的光谱稳定性。因为 CuInS$_2$/ZnS 量子点具有较大的斯托克斯位移，降低了短波长方向上二次吸收的可能性。星形

符号是 ZnCuInS/ZnSe/ZnS 量子点掺杂的液芯光纤的实验数据[75]，实验中的光纤直径为 100μm，掺杂浓度为 11.7mg/mL，与 CuInS$_2$/ZnS 量子点掺杂光纤的理论计算结果具有相似的变化趋势，但是实验中的红移率略高于理论值，这是由于实验中光纤直径和掺杂浓度较大，使得二次吸收更为严重。

在图 11.16（b）中，由于 CuInS$_2$/ZnS 量子点具有更长的荧光寿命和更少的重吸收，使得 CuInS$_2$/ZnS 量子点掺杂的光纤的最大发光强度约为 PbSe 量子点掺杂的光纤的 5 倍。此外，在 30cm 的光纤长度处，掺杂 PbSe 量子点的光纤的发光几乎完全损耗，而对于 CuInS$_2$/ZnS 量子点掺杂的光纤，在 40cm 的光纤长度处的发光仍然很强，表明 CuInS$_2$/ZnS 量子点光纤发光在较小的二

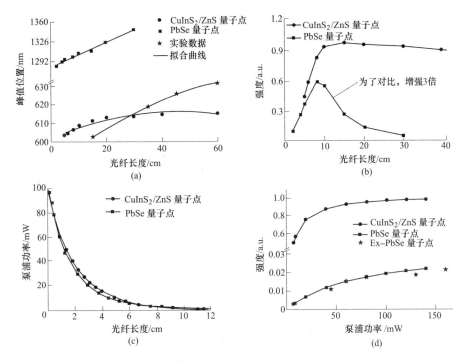

图 11.16　CuInS$_2$/ZnS 核壳量子点和 PbSe 量子点掺杂光纤的发光峰值位置和发射强度随着光纤长度的变化（图（a）和（b），为了进行比较，已经将 PbSe 量子点掺杂光纤的发光强度增加了 3 倍；星形符号是掺杂 ZnCuInS/ZnSe/ZnS 量子点的液芯光纤的实验数据[75]，已经将光谱的峰值位置减少了相同倍数以作比较），两种量子点掺杂光纤中泵浦功率随光纤长度的衰减情况（c）和两种量子点掺杂光纤发光强度随着泵浦功率的变化（d）（星形符号代表 Hreibi 等人[71]报道的掺杂 PbSe 量子点液芯光纤的实验结果，其中泵浦功率已作适当调整以进行比较）

次吸收下，其传输距离增加了。此外，在 PbSe 量子点掺杂的光纤中泵浦光的衰减应更快，因为该材料对于 308nm 的泵浦光，具有相对较大的吸收强度。然而，PbSe 量子点较小的斯托克斯位移使得部分基态量子点吸收了其他量子点发光，从而代替了对泵浦光的吸收，最终导致两种量子点掺杂光纤之间的泵浦光衰减率差异很小，如图 11.16（c）所示。这进一步表明，CuInS₂/ZnS 量子点掺杂的光纤有更好的发光性能，主要是由较大的斯托克斯位移而不是材料的吸收强度导致的。

图 11.16（d）所示是两种量子点掺杂光纤的发光强度随着泵浦功率的变化，其掺杂浓度为 5×10^{20} QDs/m³，光纤长度为 30cm，泵浦波长为 308nm。可以看出，随着泵浦功率的增加，两种光纤的发光强度具有相似的演变趋势。发光强度的饱和归因于非辐射俄歇复合效应，并且已经在前面进行了详细说明。实验数据是 Hreibi 等人[71] 报道的掺杂 PbSe 量子点液芯光纤的实验结果。为了便于对比，我们将实验上的泵浦功率进行了适当调整，理论计算中使用的参数与实验测试有所不同，但是可以看到变化趋势是一致的。

11.7　本章小结

本章从理论上研究了 CuInS₂/ZnS 核壳量子点掺杂光纤的发光性质。随着光纤长度和掺杂浓度的增加，光纤发光光谱向长波方向移动。在各自的计算参数下，可以实现最佳的光纤长度和掺杂浓度，在最佳值下，可以实现发光强度的最佳。发光强度随泵浦功率的增加而增加，但由于非辐射俄歇衰变而逐渐饱和。与掺杂 3.8nm PbSe 量子点的对照样品进行了比较，发现掺杂 CuInS₂/ZnS 量子点光纤的发光峰值位置沿光纤长度的红移率为 0.24nm/cm，掺杂 PbSe 量子点光纤的发光峰值位置的红移率为 2.17nm/cm。CuInS₂/ZnS 量子点掺杂光纤的光谱稳定性更高。CuInS₂/ZnS 量子点掺杂光纤的最大发光强度约为 PbSe 量子点掺杂光纤的 5 倍，因为其荧光寿命更长。此外，由于较大的斯托克位移，CuInS₂/ZnS 量子点发出的光可以在光纤纤芯中传播更长的距离，而吸收较少。理论计算与文献中的实验数据吻合得很好。该研究为 CuInS₂/ZnS 量子点用作光纤掺杂剂，改善光纤发光提供了理论基础。

12 量子点材料特性对量子点光纤发光性质的影响

量子点光纤中的再吸收效应会影响光纤的发光性质，因而限制器件的性能。这不仅与光纤参数（光纤长度、光纤直径、掺杂浓度等）有关，在很大程度上还取决于量子点材料本身的一些特性。因此，本章在三能级和二能级系统近似下，对 PbSe 量子点和 $CuInS_2$/ZnS 量子点光纤的发光性质进行理论计算，得到荧光寿命、吸收-发射截面、斯托克斯位移和光谱的半峰宽对光纤发光的不同影响。另外，将两种量子点光纤的发光情况进行对比，并将 $CuInS_2$/ZnS 量子点光纤的发光情况与文献中的实验数据进行对比。

12.1 $CuInS_2$/ZnS 量子点材料特性对量子点光纤发光的影响

首先，研究 $CuInS_2$/ZnS 量子点材料特性对量子点光纤发光的影响。在二能级系统近似下，对 $CuInS_2$/ZnS 量子点光纤的发光进行理论计算，得到在不同荧光寿命、吸收-发射截面和斯托克斯位移下，量子点发光在光纤中的传输情况。研究发现，当三个参数一定时，量子点光纤的发光强度随着光纤长度的增加而增加，但最后都趋于饱和或有所下降。当光纤长度一定时，斯托克斯位移对光纤发光强度的影响最大，其次为荧光寿命，影响最小的是吸收-发射截面，但是其对光谱峰值位置的影响最大。将理论计算与文献中的实验数据进行对比，得到量子点光纤的发光强度随光纤长度的变化趋势一致。

PbSe 量子点的斯托克斯位移为数十毫电子伏特，其吸收光谱与荧光光谱存在较大的重叠，量子点发光在光纤纤芯中传输时会有一部分被再吸收，导致发光的损耗。最近报道了 $CuInS_2$/ZnS 量子点（或包覆其他壳层材料）的合成及光学性质[179~182]。它们具有更大的斯托克斯位移，大约为几百毫电子伏特，而且具有较长的荧光寿命，绿色且无毒。$CuInS_2$/ZnS 量子点的这些特性使其特别适合作为光纤掺杂剂来改善光纤发光。此外，Wu 等人在 2016 年研究了不同光纤长度和量子点掺杂浓度的 ZnCuInS/ZnSe/ZnS 量子点液芯光纤的发光特性[75]，为理论计算提供了实验依据。然而，光纤中量子点发光的再吸收效应导致光纤发光的损耗，限制了器件的性能。这不仅与光纤参数有关，在很大程度上还取决于量子点材料本身的一些特性。因此，有必要研究量子点材料特性对量子点光纤发光性质的不同影响。在二能级系统近似下，通过求解速率方程和功率传输方程，数值模拟在不同光荧光寿命、吸收-发射截面（absorption-emission cross-section，AECS）以及斯托克斯位移下，CuInS$_2$/ZnS量子点发光在光纤中的传输情况。此项研究为量子点光纤中掺杂材料的选择和光纤长度的确定提供了一种实用的方法，可最大限度地提高光纤发光强度，并对量子点光纤放大器、传感器和激光器的发展提供理论指导。

12.1.1　理论模型

CnInS$_2$量子点（及其核壳结构）的能级结构、电子跃迁和激子复合过程最近已被报道[186,198,199]。如图12.1（a）所示，当量子点被波长较短的泵浦光激发时，电子会以W_{12}的概率从基态跃迁到上能级。价带产生的空穴迅速被定位在Cu$^+$离子上，然后导带上的电子通过自发辐射与空穴重新复合发光，概率为A_{21}。而局域电子与局域空穴之间的复合主要是非辐射跃迁A_{21}^{NR}。此外，上能级的粒子也可以通过概率为W_{21}的受激辐射回到基态。量子点产生的辐射由于光纤中的全反射而沿纤芯传输。本节使用一个简单的二能级系统作为近似模型，建立CuInS$_2$/ZnS量子点的电子跃迁过程。图12.1（b）[204]所示为CuInS$_2$/ZnS量子点溶液的吸收（absorption，Abs）光谱和光致发光（photolu-

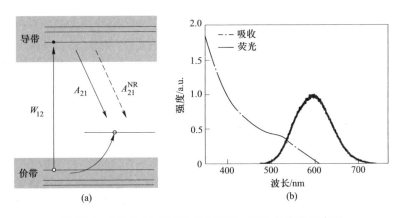

图12.1　CuInS$_2$/ZnS量子点的能级、吸收与发光示意图

（a）能级结构、电子跃迁和激子复合过程（实心黑点为导带电子，空心黑点为空穴）；

（b）吸收光谱和光致发光光谱

minescence，PL）光谱，斯托克斯位移约为 90nm。根据 Booth 等人报道的公式[200]，CuInS₂/ZnS 量子点的平均尺寸约为 3.8nm。

将 CuInS₂/ZnS 量子点溶液灌装到空心的二氧化硅玻璃毛细管中，制备出掺杂量子点的光纤。将连续激光通过透镜组耦合到光纤纤芯中，光纤中的量子点被激发并辐射发光。由于光波导的限制作用，量子点发光在光纤中传输，传输过程中被其他量子点吸收再发光，或者在光纤中产生受激辐射等，使光纤末端出射光谱的性质发生变化。这些现象的产生与光纤长度和量子点材料本身的特性有关，使光纤末端出射光谱的性质发生变化。理论计算是基于上述实验框架和一个理想的理论模型：假设量子点光纤是直的，量子点形状为球形，量子点掺杂浓度是恒定的。采用一组速率方程对光纤中某一点处两个能级上的粒子数分布情况进行分析（式（11.2a）、式（11.2b））。

利用功率传播方程描述泵浦光功率和量子点发光在整个光纤中的传播情况（式（11.3）、式（11.4））。

需要说明的是，W_{12} 和 W_{21} 是两个能级之间的跃迁概率，与吸收和发射截面有关，以 W_{21} 为例，可以表示为：

$$W_{21}(r,z) = \sum_{\nu_s = \nu_1}^{\nu_m} \frac{\sigma_e(\nu_s)}{h\nu_s} p_{\nu_s}(z) i_s(r) \qquad (12.1)$$

式中　ν_s——量子点发光频率；

　　　ν_1——最小频率；

　　　ν_m——最大频率。

斯托克斯位移通过不同的频率影响光纤发光。量子点的吸收-发射截面（$\sigma_a(\nu_s)$ 和 $\sigma_e(\nu_s)$）以及荧光寿命 τ_R 也将不同程度影响光纤发光特性。因此，将荧光寿命、吸收-发射截面，以及斯托克斯位移代入上述公式，可以得到在不同的参数下，量子点光纤发光在光纤中的传输情况。

12.1.2　分析与讨论

基于以上理论模型和理论计算过程，可以得到 CuInS₂/ZnS 量子点光纤的发光光谱及发光强度在不同荧光寿命、吸收-发射截面，以及斯托克斯位移时随着光纤长度的变化情况。所有计算都是在相同的量子点掺杂浓度（1×10^{20}QDs/m³）、光纤直径（40μm）和泵浦功率（100mW）下进行的。

图 12.2 所示为不同荧光寿命（150~500ns）时，CuInS₂/ZnS 量子点光纤

的发光光谱和发光强度随光纤长度（30~140cm）的变化，同时保持另外两个参数不变，即斯托克斯位移为 90nm，峰值吸收截面为 $1.27 \times 10^{-20} \, m^2$。从图 12.2（a）、图 12.2（b）和图 12.2（c）可以看出，在光纤长度一定时，量子点光纤的发光强度随着荧光寿命的增加而增加。因为荧光寿命越长，上能级的粒子越容易积累，即式（11.2）中的 n_2 越大，从而使式（11.3）中表示发光的那一项增加，所以量子点光纤发光越强。从图 12.2（d）可以看出，在荧光寿命一定时，量子点光纤的发光强度随着光纤长度的增加而增加，最终都趋于饱和。另外，荧光寿命越大，发光强度随光纤长度的增加越快。因为较长的光纤使得上能级粒子有足够的时间和空间进行积累，增加了与荧光寿命相关的量子点发光的概率。当光纤长度继续增加时，由于泵浦光的功率是一定的，因此在泵浦光被完全吸收以后，量子点将很难继续被激发。因此，随

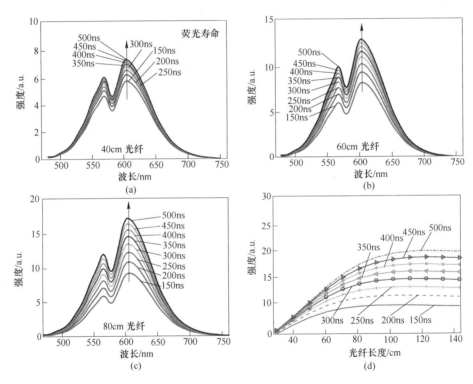

图 12.2　光纤长度分别为 40cm（a）、60cm（b）和 80cm（c）时，在不同荧光寿命（150~500ns）时的发光光谱（向上的箭头表示荧光寿命的增加）和不同荧光寿命时，发光强度随光纤长度的演化（d）

着光纤长度的进一步增加，量子点光纤的发光强度将增加缓慢，达到饱和。

斯托克斯位移是影响光纤发光的最重要的参数之一，通过移动吸收光谱并保持荧光光谱的位置不变来得到不同的斯托克斯位移。图 12.3 所示为不同斯托克斯位移（30~90nm）下，CuInS$_2$/ZnS 量子点光纤发光光谱和发光强度随光纤长度（30~140cm）的变化，同时保持另外两个参数不变（荧光寿命为345ns，峰值吸收-发射截面为 $1.27×10^{-20}$ m^2）。从图 12.3（a）、图 12.3（b）和图 12.3（c）可以看出，当光纤长度一定时，量子点光纤的发光强度随斯托克斯位移的增加而增加。从图 12.3（d）可以看出，当斯托克斯位移较大时，量子点光纤的发光强度随着光纤长度的增加而增加，并且逐渐趋于饱和；当斯托克斯位移较小时，发光强度随着光纤长度的增加而先增加后减小，出现最佳光纤长度。因为在较长的光纤中，再吸收起着重要的作用，斯托克斯位移越小，光纤中的再吸收越严重，因此随着光纤长度的增加，泵浦光被消耗，

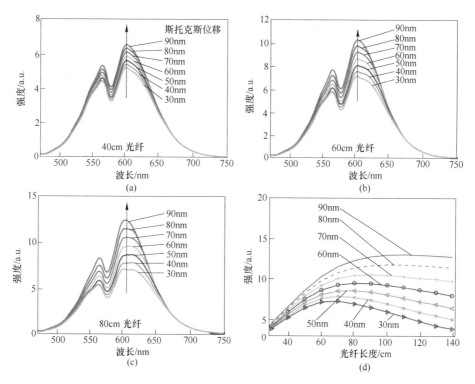

图 12.3　光纤长度分别为 40cm（a）、60cm（b）和 80cm（c）时，在不同斯托克斯
位移（30~90nm）时的发光光谱（向上的箭头表示斯托克斯位移的增加）和
不同斯托克斯位移时，发光强度随光纤长度的演化（d）

量子点不能再被激发，而已经产生的量子点发光由于较大的再吸收而被吸收掉。因此，由于斯托克斯位移的减小和传输距离的增加，导致光纤发光强度显著减小。

将量子点的吸收截面 $\sigma_a(\nu_s)$ 和发射截面 $\sigma_e(\nu_s)$ 改变相同的倍数，通过计算得到量子点光纤的发光强度与吸收-发射截面之间的关系。图 12.4 所示为不同吸收-发射截面（原截面的 0.6~2 倍）下，$CuInS_2$/ZnS 量子点光纤发光光谱和发光强度随光纤长度（30~140cm）的变化，同时保持其他两个参数不变（荧光寿命为 345ns，斯托克斯位移为 90nm）。从图 12.4（a）、图 12.4（b）和图 12.4（c）可以看出，当光纤长度一定时，量子点光纤的发光强度随吸收-发射截面的增加而增加。从图 12.4（d）可以看出，当吸收-发射截面较小时，量子点光纤的发光强度随着光纤长度的增加而增加，并逐渐趋于

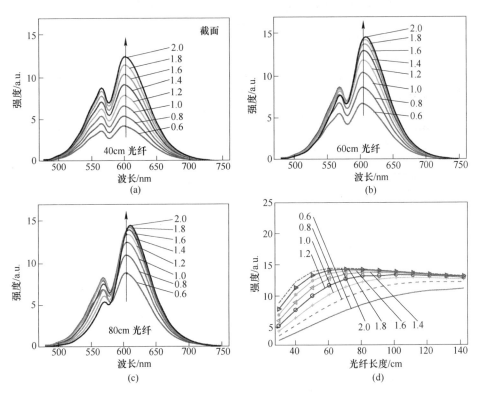

图 12.4　光纤长度分别为 40cm（a）、60cm（b）和 80cm（c）时，在不同吸收-
发射截面（原截面 $1.27\times10^{-20}m^2$ 的 0.6~2 倍）时的发光光谱（向上的箭头表示
吸收-发射截面的增加）和不同吸收-发射截面时，发光强度随光纤长度的演化（d）

饱和；当吸收-发射截面较大时，发光强度随着光纤长度的增加而先增加后略有减小。较大的吸收-发射截面使量子点具有较强的吸收和发光的能力，从而提高了光纤发光的强度。然而，量子点发光的长距离传输和吸收截面的增加使再吸收更为严重。即使发射截面很大，由于泵浦光的消耗，也不再产生量子点发光，导致发光强度出现饱和现象。另外，在 80cm 光纤中，吸收-发射截面每增加原来数值的 1 倍，光谱峰值位置向长波方向移动 5.36nm，发生明显的红移，这也是由于较大的吸收截面和较长的传输距离导致再吸收增加。

在 100cm 光纤长度下，比较了三个参数对 CuInS₂/ZnS 量子点光纤发光强度的不同影响，如图 12.5（a）~（c）所示，为了便于比较，横坐标以原数值的倍数为单位。当荧光寿命、斯托克斯位移和吸收-发射截面每变化原来的 1 倍，光纤发光强度分别变化 7.1、10.52 和 2.8。可见，斯托克斯位移对光纤发光强度的影响最大，其次为荧光寿命，影响最小的是吸收-发射截面。另外，将理论计算与实验数据[75]进行对比，选择的荧光寿命为 345ns，吸收-发射截面为 $1.27 \times 10^{-20} \text{m}^2$，斯托克斯位移为 90nm。如图 12.5（d）所示为量子点光纤的发光强度随着光纤长度的变化。随着光纤长度的增加，光纤发光强度先增加然后减小，都出现了最佳的光纤长度，理论计算结果大约为 100cm，实验数据大约为 63cm，这是由于实验中的量子点掺杂浓度和光纤直径都比较大，导致在相同的光纤长度下，其量子点粒子数更多，因此泵浦功率更早被消耗掉，所以光纤发光更早发生衰减，最佳的光纤长度更小。但是理论与实验的变化趋势是一致的。

综上，理论计算了不同荧光寿命、斯托克斯位移和吸收-发射截面时，CuInS₂/ZnS 量子点发光沿光纤的传输情况。结果表明，当量点的荧光寿命、斯托克斯位移和吸收-发射截面一定时，量子点光纤发光强度随着光纤长度的增加而增加，但最后都趋于饱和或有所下降。当光纤长度一定时，荧光寿命、吸收-发射截面和斯托克斯位移每增加原来数值的 1 倍，光纤发光的相对强度分别增加 7.1、2.8 和 10.52，因此，斯托克斯位移对光纤发光强度的影响最大，其次为荧光寿命，影响最小的是吸收-发射截面，但是其对光谱峰值位置的影响最大，在 80cm 光纤中，吸收-发射截面每增加原来数值的 1 倍，光谱峰值位置红移 5.36nm。此外，将理论计算结果与实验数据进行了对比，发光强度随着光纤长度的变化都是先增加后减小，变化趋势一致，而理论计算的最佳光纤长度（100cm）大于实验值，是由实验中较大的量子点掺杂浓度和

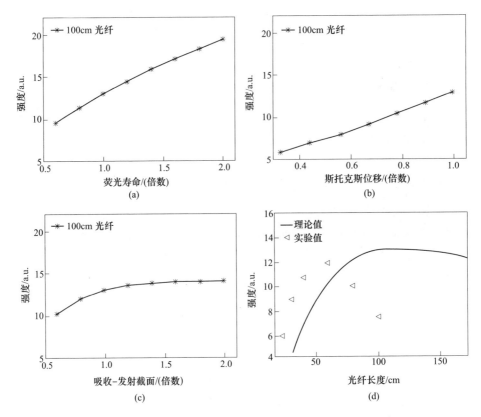

图 12.5　荧光寿命（a）、斯托克斯位移（b）、吸收-发射截面（c）对 $CuInS_2/ZnS$
量子点光纤的发光强度的不同影响（横坐标轴以倍数为单位）和理论计算与
文献［75］中实验数据的对比（d）

光纤直径导致，理论与实验的对比说明 $CuInS_2/ZnS$ 量子点光纤的理论模型是
合理的。总之，选择具有较长的荧光寿命和较大的斯托克斯位移的掺杂材料
对于提高光纤发光强度是至关重要的。本节为量子点光纤中掺杂材料的选择
提供了实用的思路和方法。

12.2　PbSe 量子点材料特性对量子点光纤发光的影响

本节考虑荧光寿命、吸收-发射截面（AECS）、斯托克斯位移和光谱的半
峰宽（full width at half maxima，FWHM）的影响，采用速率方程和功率传播
方程对 PbSe 量子点光纤的发光性质进行理论模拟。研究发现，当光纤较长
时，荧光寿命对量子点光纤发光的影响最大；当光纤较短时，吸收-发射截面

对量子点光纤发光的影响最大；光谱的半峰宽对光纤发光强度的影响最小。荧光寿命对光纤发光波长的稳定性更有利。

12.2.1 参数说明

仍然采用毛细管波导灌装 PbSe 量子点溶液制备量子点光纤。当光源通过凸透镜耦合到光纤芯中时，由于光波导的限制，光纤中的量子点被激发并辐射发光，在光纤中传输。直径为 3.8nm 的 PbSe 量子点的参数见表 12.1。以下计算都是在相同的掺杂浓度（$1 \times 10^{20} \text{QDs/m}^3$）、光纤直径（40μm）和泵浦功率（100mW）下进行的。另外，在研究其中一个参数对光纤发光的影响时，其他三个参数的设置均采用表 12.1 中的数值。

表 12.1 PbSe 量子点材料的四个参数

量子点	荧光寿命 /ns	斯托克斯位移/nm	吸收-发射截面/m²	半峰宽/nm
PbSe	290	54	3.85×10^{-20}	134

12.2.2 四个参数对 PbSe 量子点光纤发光的不同影响

从理论上模拟量子点发光对荧光寿命、吸收-发射截面、斯托克斯位移和半峰宽的依赖关系，选择了几种光纤长度（20～90cm，以 10cm 为间隔）。

图 12.6 所示为 3.8nm 的 PbSe 量子点光纤在不同荧光寿命下的发光特性，斯托克斯位移为 54nm，吸收-发射截面的峰值为 $3.85 \times 10^{-20} \text{m}^2$，半峰宽为 134nm。图 12.6（a）和图 12.6（b）所示为不同荧光寿命（150～500ns）下 20cm 和 50cm PbSe 量子点光纤的发光光谱，发射强度随荧光寿命的增加而增加。较长的荧光寿命使上能级的粒子更容易积累，从而增强了光纤发光。增加的趋势与光纤长度有关，如图 12.6（c）所示。当光纤长度小于 50cm 时，发光强度随荧光寿命缓慢增加；当光纤长度为 50cm 时，发光强度接近线性增长；当光纤长度大于 50cm 时，虽然整体强度有所下降，但发光强度呈超线性增长。较长的光纤使得量子点有足够的传输距离和传输时间实现粒子数反转，增加了与荧光寿命有关的受激发射的概率，因此较长光纤的发射强度随着荧光寿命的增加而快速增加。当光纤长度超过一定值时（本文为 50cm），泵浦光被完全吸收，在此距离处不再产生量子点发光。光纤前端的发光只会在剩余的光纤长度中被吸收而损耗，从而导致光纤发光的减少。如图 12.6（d）所

示，当光纤长度超过 50cm 时，随着荧光寿命的增加，光谱峰值位置略有红移，因此荧光寿命对光纤发光波长的稳定性影响不大。

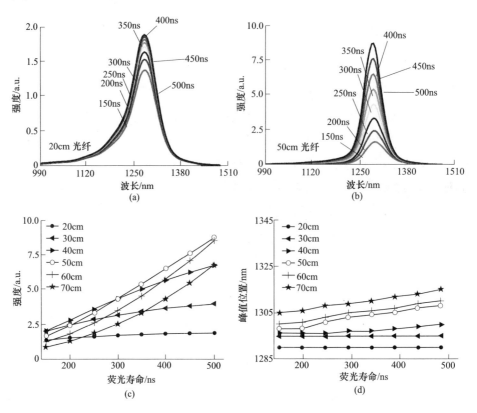

图 12.6　20cm（a）和 50cm（b）PbSe 量子点光纤在不同的荧光寿命（150~500ns）时的发光光谱，以及不同光纤长度（20~70cm）下，PbSe 量子点光纤的发射强度（c）和光谱值位置（d）随着荧光寿命的演化

将量子点的吸收截面 $\sigma_a(\nu_s)$ 和发射截面 $\sigma_e(\nu_s)$ 改变相同的倍数，可以得到量子点光纤的发光性质和吸收-发射截面的关系。计算参数：斯托克斯位移为 54nm，荧光寿命为 290ns，光谱的半峰宽为 134nm。图 12.7（a）和图 12.7（b）所示分别给出了在不同吸收-发射截面时（峰值截面为 2.31×10^{-20} ~ $7.70\times10^{-20}\mathrm{m}^2$），20cm 和 50cm PbSe 量子点光纤的发光光谱。发光强度随着吸收-发射截面的增加趋势与光纤长度有关，如图 12.7（c）所示。光纤较短时，发射强度随吸收-发射截面的增大而增大；光纤较长时，随着吸收-发射截面的增大，光纤发射强度先增大后减小，表明有一个最佳的吸收-发射截面可以使发光达到最大。从式（12.1）可以看出，三个能级之间的跃迁概率

W_{13}、W_{12} 和 W_{21} 随着吸收–发射截面的增加而增加。增加的跃迁概率导致了上能级粒子数的增加，因此增加了光纤发光。然而在较长光纤中，量子点发光的长距离传输和吸收截面的增加使再吸收更为严重。即使发射截面较大，由于泵浦光被消耗，也不再产生量子点发光，由此导致光纤发射的快速衰减。如图 12.7（d）所示，在不同光纤长度下，随着吸收–发射截面的增加，光谱峰值位置明显向长波方向偏移。在较长的光纤中，红移较大，这是由于相对较大的吸收–发射截面和较长的传输距离引起的再吸收增加所致。

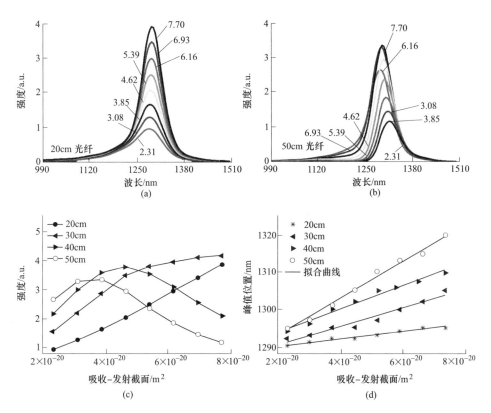

图 12.7　20cm（a）和 50cm（b）PbSe 量子点光纤在不同吸收–发射截面（截面峰值：2.31×10^{-20}~7.70×10^{-20} m^2）时的发光光谱，以及不同光纤长度（20~70cm）下，PbSe 量子点光纤的发射强度（c）和光谱峰值位置（d）随着吸收–发射截面的演化

　　斯托克斯位移是影响光纤发光的最重要的参数之一，在保持光致发光光谱不变的同时，将吸收光谱向短波方向移动会增加斯托克斯位移。在吸收–发射截面为 3.85×10^{-20} m^2，荧光寿命为 290ns，半峰宽为 134nm 时，计算了不同

斯托克斯位移（54~154nm）时，20cm 和 50cm 的 PbSe 量子点光纤的发射光谱，如图 12.8（a）和图 12.8（b）所示。随着斯托克斯位移的增大，光纤的发射强度增加的更加明显，当斯托克斯位移继续增大时，光纤的发光强度趋于饱和，如图 12.8（c）所示。在较长的光纤中，由于斯托克斯位移的减小和传输距离的增大，再吸收起着重要的作用，导致斯托克斯位移对发射强度的影响很大。当斯托克斯位移足够大时发生的饱和现象是因为再吸收的减少导致的。图 12.8（d）可以说明这一点，其中红移随着斯托克斯位移的增加而减小，也表明再吸收的减少。

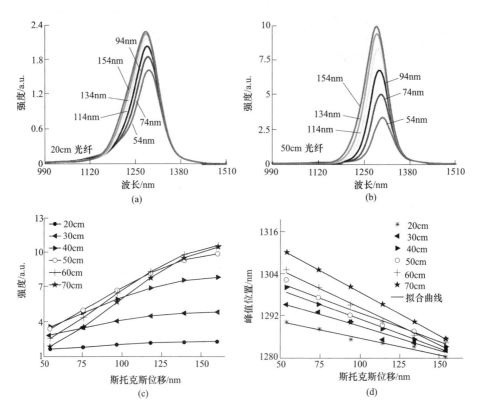

图 12.8   20cm（a）和 50cm（b）PbSe 量子点光纤在不同的斯托克斯位移（54~154nm）时的发光光谱，以及不同光纤长度（20~70cm）下，PbSe 量子点光纤的发射强度（c）和光谱峰值位置（d）随着斯托克斯位移的演化

虽然合成的量子点在粒径上可以认为是单分散的，但其粒径分布仍然存在，这导致了其吸收和发光光谱的半峰宽不同，并影响量子点光纤的发光性

能。计算参数为：吸收-发射截面为 $3.85\times10^{-20}\mathrm{m}^2$，荧光寿命为 290ns，斯托克斯位移为 54nm。在不同的半峰宽（134nm、172nm、254nm）下，20cm 和 50cm PbSe 量子点光纤的发光光谱如图 12.9（a）和图 12.9（b）所示，光纤发光强度随着半峰宽的减小而增加。光谱显示出两个峰，在短波方向峰是剩余的量子点荧光峰。在较短的光纤中，随着光谱的半峰宽变大，这种现象更为明显。由于量子点荧光在短光纤中受传输的影响较小，并且由于光纤长度较短且半峰宽比较大，使得短波方向的荧光吸收不完全。量子点光纤发光强度和光谱峰值位置的变化趋势与光纤长度有关，如图 12.9（c）和图 12.9（d）所示。在较长的光纤中，随着半峰宽的增加，光纤发射光谱强度减小和光谱位置的红移更加明显。

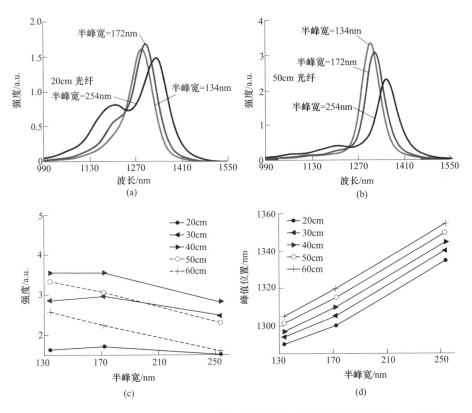

图 12.9　20cm（a）和 50cm（b）PbSe 量子点光纤在不同的半峰宽（134nm，172nm，254nm）时的发光光谱，以及不同光纤长度（20~70cm）下，PbSe 量子点光纤的发射强度（c）和光谱峰值位置（d）随着半峰宽的演化

图 12.10 比较了四个参数对 PbSe 量子点光纤发射强度的不同影响。在光纤较短时，如 20cm，吸收-发射截面对光纤发射强度的影响大于其他三个参数。比较较长光纤（50cm）下的四个参数，荧光寿命对光纤发射强度的影响最大，其次是斯托克斯位移，吸收-发射截面和半峰宽的影响较小。通过对比图 12.6（d）~12.9（d），发现荧光寿命对光谱红移的影响最小。这意味着荧光寿命更有利于发射波长的稳定性。以上结论表明，选择具有较长荧光寿命和较大斯托克斯位移的掺杂材料最为重要。

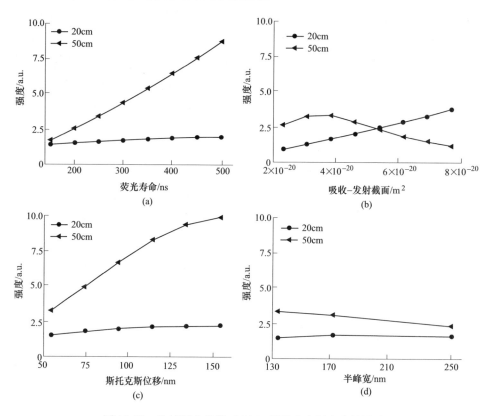

图 12.10 比较四个参数对 PbSe 量子点光纤发光的影响

（a）光纤发射强度随荧光寿命的变化；（b）光纤发射强度随吸收-发射截面的变化；

（c）光纤发射强度随斯托克斯位移的变化；（d）光纤发射强度随半峰宽的变化

12.3 量子点特性对两种量子点光纤发光性质的对比

在考虑荧光寿命、吸收-发射截面（AECS）、斯托克斯位移和光谱的半峰宽（FWHM）的影响下，对两种不同量子点材料（PbSe 和 CuInS₂/ZnS）掺杂光纤的发光性质进行了理论模拟。研究发现，当光纤较长时，荧光寿命对 PbSe 量子点光纤的发光强度影响最大；斯托克斯位移对 CuInS₂/ZnS 量子点光纤的发光强度影响最大。与 CuInS₂/ZnS 量子点光纤相比，PbSe 量子点光纤的发光强度较低，但其随着这些参数的变化更快。

　　PbSe 量子点光纤和 CIS/ZnS 量子点光纤的计算均在相同量子点浓度（1×10^{20}QDs/m³）、光纤直径（40μm）和泵浦功率（100mW）下进行。另外，在研究其中一个参数对光纤发光的影响时，其他三个参数的设置均采用表 12.2 中的数值。

表 12.2　两种量子点材料的四个参数

量子点	荧光寿命/ns	斯托克斯位移/nm	吸收-发射截面/m²
PbSe	290	54	3.85×10^{-20}
CIS/ZnS	345	90	1.27×10^{-20}

　　计算了 3.8nm CuInS₂/ZnS 量子点光纤在不同荧光寿命（150~500ns）、吸收-发射截面（光谱峰值截面为 0.8×10^{-20} ~ 2.5×10^{-20} m²）和斯托克斯位移（40~90nm）下的发光特性，并与具有相同量子点尺寸、光纤直径、量子点浓度和泵浦功率下的 PbSe 量子点光纤的发光性质进行比较。CuInS₂/ZnS 量子点光纤的发射强度随着荧光寿命、吸收-发射截面和斯托斯位移的增加而增加，如图 12.11（a）、图 12.11（c）和图 12.11（e）所示。吸收-发射截面在较短的光纤中表现出更重要的作用，最后都趋于饱和，这与量子点光纤的发光情况类似。较长光纤下的三个参数的比较表明，斯托克斯位移对光纤发光强度的影响最大，因为其表现出超线性增长的趋势；其次是荧光寿命；吸收-发射截面的影响最小，因为其出现了饱和现象，而这些现象与 PbSe 量子点光纤的发光性质略有不同。从图 12.11（b）可以看出，在 150~500ns 的荧光寿命范围内，CuInS₂/ZnS 量子点光纤的强度增强了 2.3 倍，PbSe 量子点光纤的发射强度增强了 10.8 倍。因此，荧光寿命对 PbSe 量子点光纤发光强度的影响大于对 CuInS₂/ZnS 量子点光纤的影响。对于 PbSe 量子点的三能级系统而言，能级 3 具有非常短的荧光寿命 $\tau_3 \leq 6$ps[143,151]，因此，处于高能级的电子可以弛豫到第 2 能级，而处于基态的电子可以直接跃迁到能级 2，这使得能级 2 的粒子数更容易积累，因此荧光寿命更重要。而对于二能级系统，如 CuInS₂/

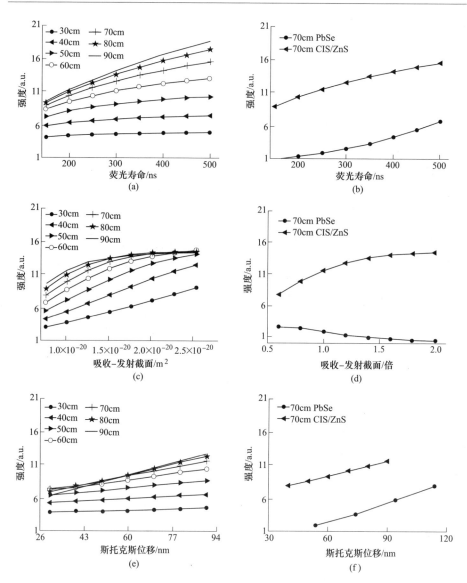

图 12.11   对于不同长度（30~90cm）的 CuInS$_2$/ZnS（CIS/ZnS）量子点光纤，其发光强度随荧光寿命（a）、吸收-发射截面（c）和斯托克斯位移（e）的演化以及 PbSe 量子点光纤与 CuInS$_2$/ZnS 量子点光纤的比较：发光强度随荧光寿命（b）、吸收-发射截面（d）和斯托克斯位移（f）的演化

（为便于比较（d）中的横坐标为两个量子点原吸收-发射截面的倍数单位）

ZnS 量子点，则不存在高能级的弛豫过程。由于受激辐射很难发生，所以自发辐射占主导地位，因此其变化趋势不像 PbSe 量子点光纤那样超线性增长。在

相同的光纤长度下，PbSe 量子点光纤的发射强度低于 CuInS$_2$/ZnS 量子点光纤，但从图 12.11（b）、图 12.11（d）和图 12.11（f）可以看出，PbSe 量子点光纤的发射强度随着三个参数的变化更快。这也进一步证明了影响量子点光纤发光强度的主要参数是荧光寿命和斯托克斯位移。较长的荧光寿命和较大的斯托克斯位移明显增强了 CuInS$_2$/ZnS 量子点光纤的发光强度。

综上，研究了量子点材料的特性对量子点光纤发光性质的不同影响，包括不同的荧光寿命、吸收-发射截面、斯托克斯位移和半峰宽。在 PbSe 量子点和 CuInS$_2$/ZnS 量子点光纤中得到了相同的趋势。荧光寿命和斯托克斯位移对较长光纤的发射强度有较大的影响。吸收-发射截面在较短的光纤中表现出更重要的作用。光致发光光谱的半峰宽对任意长度光纤的发射强度影响不大。因此，选择荧光寿命长、斯托克斯位移大的掺杂材料尤为重要。此外，在较长的光纤中，四个参数对光纤发光强度的影响更明显。荧光寿命对光纤发光波长的稳定性更有利。通过对相同量子点尺寸下的两种量子点光纤发光进行比较，可以看出对 PbSe 量子点光纤发光强度影响最大的参数是荧光寿命；对 CuInS$_2$/ZnS 量子点光纤发光强度影响最大的参数是斯托克斯位移。PbSe 量子点光纤的发射强度低于 CuInS$_2$/ZnS 量子点光纤，但是其随着这些参数的变化更快。这一结论进一步证明了荧光寿命和斯托克斯位移对光纤发光强度的影响大于吸收-发射截面和光谱的半峰宽。

12.4 本章小结

本章主要从理论方面研究了量子点材料特性对于量子点光纤发光性质的影响。主要研究了两种量子点材料，分别是具有三能级系统的 PbSe 量子点光纤和具有二能级系统的 CuInS$_2$/ZnS 量子点光纤，得到了四个参数对量子点光纤发光性质的影响，分别为荧光寿命、斯托克斯位移、吸收-发射截面和光谱的半峰宽。研究得到如下结论：荧光寿命和斯托克斯位移对光纤发光强度的影响大于吸收-发射截面和光谱的半峰宽。对于 PbSe 量子点光纤，影响最大的是荧光寿命；对于 CuInS$_2$/ZnS 量子点光纤，影响最大的是斯托克斯位移。吸收-发射截面对光谱峰值位置的影响最大。因此，选择具有较大的荧光寿命和较大的斯托克斯位移的掺杂材料可以有效提高量子点光纤发光强度。此项研究可为量子点光纤中掺杂材料的选择提供理论指导。

参 考 文 献

[1] 张伟刚. 光纤光学原理及应用 [M]. 天津: 南开大学出版社, 2008: 5-6.

[2] Walrafen G E, Stone J. Intensification of Spontaneous Raman Spectra by Use of Liquid Core Optical Fibers [J]. Appl Spectrosc, 1972, 26 (6): 585-589.

[3] Gambling W A, Payne D N, Matsumura H. Gigahertz Bandwidths in Multimode, Liquid-Core, Optical Fibre Waveguide [J]. Opt Commun, 1972, 6 (4): 317-322.

[4] Ogilvie G J, Esdaile R J, Kidd G P. Transmission Loss of Tetrachloroethylene-Filled Liquid-Core-Fibre Light Guide [J]. Electron Lett, 1972, 8 (22): 533-534.

[5] Ippen E P. Low-Power Quasi-Cw Raman Oscillator [J]. Appl Phys Lett, 1970, 16 (8): 303-305.

[6] Tabib-Azar M, Sutapun B, Srikhirin T, et al. Fiber Optic Electric Field Sensors Using Polymer-Dispersed Liquid Crystal Coatings and Evanescent Field Interactions [J]. Sensor Actuat a-Phys, 2000, 84 (1-2): 134-139.

[7] Dasgupta P K, Genfa Z, Poruthoor S K, et al. High-Sensitivity Gas Sensors Based on Gas-Permeable Liquid Core Waveguides and Long-Path Absorbance Detection [J]. Analytical Chemistry, 1998, 70 (22): 4661-4669.

[8] Dumais P, Callender C L, Noad J P, et al. Liquid Core Modal Interferometer Integrated with Silica Waveguides [J]. Ieee Photonic Tech L, 2006, 18 (5-8): 746-748.

[9] Zhang Y, Shi C, Gu C, et al. Liquid Core Photonic Crystal Fiber Sensor Based on Surface Enhanced Raman Scattering [J]. Appl Phys Lett, 2007, 90 (19): 1-3.

[10] Dress P, Klein K F, et al. Liquid Core Waveguide with Fiber Optic Coupling for Remote Pollution Monitoring in the Deep Ultraviolet [J]. Water Sci Technol, 1998, 37 (12): 279-284.

[11] Watanabe K, Tajima K, Kubota Y. Macrobending Characteristics of a Hetero-Core Splice Fiber Optic Sensor for Displacement and Liquid Detection [J]. Ieice T Electron, 2000, 83 (3): 309-314.

[12] Khoo I C, Chen P H, Wood M V, et al. Molecular Photonics of a Highly Nonlinear Organic Fiber Core Liquid for Picosecond-Nanosecond Optical Limiting Application [J]. Chem Phys, 1999, 245 (1-3): 517-531.

[13] Wolinski T R, Tefelska M M, Chychlowski M S, et al. Multi-Parameter Sensing Based on Photonic Liquid Crystal Fibers [J]. Mol Cryst Liq Cryst, 2009, 502: 220-234.

[14] Wolinski T R. Progress in Liquid Crystal Optical Fiber Waveguides and Devices for Pressure

Sensing〔J〕. Opt Appl, 1999, 29（1-2）: 191-200.

〔15〕Suter J D, White I M, Zhu H Y, et al. Thermal Characterization of Liquid Core Optical Ring Resonator Sensors〔J〕. Appl Optics, 2007, 46（3）: 389-396.

〔16〕Fuwa K, Lei W, Fujiwara K. Colorimetry with a Total-Reflection Long Capillary Cell〔J〕. Analytical Chemistry, 2002, 56（9）: 1640-1644.

〔17〕Fujiwara K, Simeonsson J B, Smith B W, et al. Waveguide Capillary Flow Cell for Fluorometry〔J〕. Analytical Chemistry, 2002, 60（18）: 2000.

〔18〕Poletti F, Camerlingo A, Petropoulos P, et al. Dispersion Management in Highly Nonlinear, Carbon Disulfide Filled Holey Fibers〔J〕. Ieee Photonic Tech L, 2008, 20（17-20）: 1449-1451.

〔19〕Xu Y H, Chen X F, Zhu Y. Modeling of Micro-Diameter-Scale Liquid Core Optical Fiber Filled with Various Liquids〔J〕. Opt Express, 2008, 16（12）: 9205-9212.

〔20〕White I M, Gohring J, Sun Y, et al. Versatile Waveguide-Coupled Optofluidic Devices Based on Liquid Core Optical Ring Resonators〔J〕. Appl Phys Lett, 2007, 91 241104/ 1-3.

〔21〕Zhu Y, Chen X F, Xu Y H, et al. Propagation Properties of Single-Mode Liquid-Core Optical Fibers with Subwavelength Diameter〔J〕. J Lightwave Technol, 2007, 25（10）: 3051-3056.

〔22〕许永豪. 亚波长直径氧化硅光纤和液芯光纤理论分析、实验制备和应用研究〔D〕. 上海: 上海交通大学物理系, 2010.

〔23〕Peng X. An Essay on Synthetic Chemistry of Colloidal Nanocrystals〔J〕. Nano Res, 2009（2）: 425-447.

〔24〕徐国财. 纳米科技导论〔M〕. 北京: 高等教育出版社, 2005: 2-6, 43-46.

〔25〕王永康, 王立. 纳米材料科学与技术〔M〕. 杭州: 浙江大学出版社, 2002: 7-8.

〔26〕郭子政, 时东陆. 纳米材料和器件导论〔M〕. 北京: 清华大学出版社, 2010: 11-12.

〔27〕Peng Z, Peng X. Nearly Monodisperse and Shape-Controlled CdSe Nanocrystals via Alternative Routes: Nucleation and Growth〔J〕. J Am Chem Soc, 2002, 124: 3343.

〔28〕张艳妮. 熔融法制备较高密度 PbSe 量子点玻璃关键技术的研究〔D〕. 杭州: 浙江工业大学理学院, 2012.

〔29〕顾鹏飞. 胶质 PbSe 量子点温度依赖的发光特性及其应用〔D〕. 长春: 吉林大学电子科学与工程学院, 2013.

〔30〕Anikeeva P O, Halpert J E, Bawendi M G, et al. Quantum Dot Light-Emitting Devices with Electroluminescence Tunable over the Entire Visible Spectrum〔J〕. Nano Letters, 2009, 7: 2532.

[31] Brenda C R, Lindsay R W, Bryce S Richards. Advanced Material Concepts for Luminescent Solar Concentrators [J]. IEEE JOURNAL OF SELECTED TOPICS IN QUANTUM ELECTRONICS, 2008, 14: 5.

[32] Medintzi I L, Uyeda H T, Goldman E R, et al. Quantum Dot Bioconjugates for Imaging Labelling and Sensing [J]. Nature Materials, 2005, 4: 435-446.

[33] Wise F W. Lead Salt Quantum Dots: the Limit of Strong Quantum Confinement [J]. Acc Chem Res, 2000, 33: 773-780.

[34] Pietryga J M, Schaller R D, Werder D, et al. Pushing the Band Gap Envelope: Mid-Infrared Emitting Colloidal PbSe Quantum Dots [J]. J Am Chem Soc, 2004, 126: 11752-11753.

[35] Schaller R D, Petruska M A, Klimov V I. Tunable Near-Infrared Optical Gain and Amplified Spontaneous Emission Using PbSe Nanocrystals [J]. J Phys Chem B, 2003, 107: 13765-13768.

[36] Du H, Chen C, Krishnan R, et al. Optical Properties of Colloidal PbSe Nanocrystals [J]. Nano Lett. , 2002, 2: 1321-1324.

[37] Gerion D, Pinaud F, Williams S C, et al. Synthesis and Properties of Biocompatible Water-Soluble Silica Coated CdSe/ZnS Semiconductor Quantum Dots [J]. J Phys Chem B, 2001, 105: 8861-8871.

[38] Han M Y, Gao X H, Su J Z, et al. Quantum-Dot-Tagged Microbeads for Multiplexed Optical Coding of Biomolecules [J]. Nat Biotechnol, 2001, 19: 631-635.

[39] Alivisatos A P. Semiconductor Clusters, Nanocrystals, and Quantum Dots [J]. Science, 1996, 271: 933-937.

[40] 张宇. 胶质 PbSe 半导体纳米晶的光学性质研究 [D]. 长春: 吉林大学电子科学与工程学院, 2010.

[41] Gao X, Yang L, Petros J A, et al. In Vivo Molecular and Cellular Imaging with Quantum Dots [J]. Curr Op in Biotechnol, 2005, 16 (1): 63-72.

[42] Pinaud F, Michalet X, Bentolila L A, et al. Advances in Fluorescence Imaging with Quantum Dot Bio-Probes. Biomaterials [J]. 2006, 27: 1679-1687.

[43] Peng Z A, Peng X. Nearly Monodisperse and Shapecontrolled CdSe Nanocrystals via Alternative Routes: Nucleation and Growth [J]. J Am Chem Soc, 2002, 124: 3343-3353.

[44] Kershaw S V, Harrison M, Rogach A L, et al. Development of IR-Emitting Colloidal II-VI Quantum-Dot Materials [J]. IEEE J Sel Top Quant Electr, 2000, 6: 534-543.

[45] Rogach A L, Eychmüller A, Hickey S G, et al. Infrared-Emitting Colloidal Nanocrystals: Synthesis, Assembly, Spectroscopy, and Applications [J]. Small, 2007, 3: 536-557.

［46］Steckel J S, Coe-Sullivan S, Bulovic V, et al. 1.3μm to 1.55μm Tunable Electrolumines-
cence from PbSe Quantum Dots Embedded within an Organic Device ［J］. Adv Mater,
2003, 15: 1862-1866.

［47］Yu W W, Qu L, Guo W, et al. Experimental Determination of the Extinction Coefficient of
CdTe, CdSe, and CdS Nanocrystals ［J］. Chem Mater, 2003, 15: 2854-2860.

［48］Climente J I, Planelles J, Rajadel F. Temperature Dependence of the Spectral Band Shape
of CdSe Nanodots and Nanorods ［J］. Phys Rev B, 2009, 80: 205312/1-5.

［49］Valerini D, Cretí A, Lomascolo M. Temperature Dependence of the Photoluminescence Prop-
erties of Colloidal CdSe/ZnS Core/shell Quantum Dots Embedded in a Polystyrene Matrix
［J］. Phys Rev B, 2005, 71: 235409/1-6.

［50］Chen P, Whaley K B. Magneto-Optical Response of CdSe Nanostructures ［J］. Phys Rev B,
2004, 70: 045311/1-12.

［51］Meulenberg R W, Strouse G F. Pressure-Induced Electronic Coupling in CdSe Semiconductor
Quantum Dots ［J］. Phys Rev B, 2002, 66: 035317/1-6.

［52］Mueller A H, Petruska M A, Achermann M, et al. Multicolor Light-Emitting Diodes Based
on Semiconductor Nanocrystals Encapsulated in GaN Charge Injection Layers ［J］. Nano Lett,
2005, 5: 1039-1044.

［53］Xu S, Kumar S, Nann T. Rapid Synthesis of High-Quality InP Nanocrystals ［J］. J Am
Chem Soc, 2006, 128: 1054-1055.

［54］Piepenbrock M M, Stirner T, Kelly S M, et al. A Low-Temperature Synthesis for
Organically Soluble HgTe Nanocrystals Exhibiting Near-Infrared Photoluminescence and
Quantum Confinement ［J］. J Am Chem Soc, 2006, 128: 7087-7090.

［55］Sargent E H. Infrared Quantum Dots ［J］. Adv Mater, 2005, 17: 515-522.

［56］Chen H, Lo B, Wang J H, et al. Colloidal ZnSe, ZnSe/ZnS, and ZnSe/ZnSeS Quantum
Dots Synthesized from ZnO ［J］. J Phys Chem B, 2004, 108: 17119-17123.

［57］Hu W, Henderson R, Zhang Y, et al. Near-Infrared Quantum Dot Light Emitting Diodes
Employing Electron Transport Nanocrystals in a Layered Architecture ［J］. Nanotechnology,
2012, 23: 375202.

［58］Kikuchi E, Kitada S, Ohno A, et al. Solution-Processed Polymer-Free Photovoltaic Devices
Consisting of PbSe Colloidal Quantum Dots and Tetrabenzoporphyrins ［J］. Appl Phys Lett,
2008, 92: 173307/1-3.

［59］Choi J J, Lim Y, Santiago-Berrios M B, et al. PbSe Nanocrystal Excitonic Solar Cells ［J］.
Nano Lett, 2009, 9: 3749-3755.

［60］Jiang X, Schaller R D, Lee S B, et al. PbSe Nanocrystal/Conducting Polymer Solar Cells with an Infrared Response to 2 Micron [J]. J Mater Res, 2007, 22: 2204-2210.

[61] Law M, Beard M C, Choi S, et al. Determining the Internal Quantum Efficiency of PbSe Nanocrystal Solar Cells with the Aid of an Optical Model [J]. Nano Lett, 2008, 8: 3904-3910.

[62] Ardakani A G, Mahdavi S M, Bahrampour A R. Time-Dependent Theory for Random Lasers in the Presence of an Inhomogeneous Broadened Gain Medium such as PbSe Quantum Dots [J]. Appl Optics, 2013, 52: 1317-1324.

[63] Harrison M T, Kershaw S V, Burt M G, et al. Colloidal Nanocrystals for Telecommunications. Complete Coverage of the Low-Loss Fiber Windows by Mercury Telluride Quantum Dots [J]. Pure Appl Chem, 2000, 72: 295-307.

[64] Chan W C W, Nie S. Quantum Dot Bioconjugates for Ultrasensitive Nonisotopic Detection [J]. Science, 1998, 281: 2016-2018.

[65] Bruchez M P, Moronne M, Gin P, et al. Semiconductor Nanocrystals as Fluorescent Biological Labels [J]. Science, 1998, 281: 2013-2016.

[66] Woggon U. Optical Properties of Semiconductor Quantum Dots [M]. Springer, 1997: 26.

[67] Wang X, Yandong L. Monodisperse Nanocrystals: General Synthesis, Assembly, and their Applications [J]. Chem Comn, 2007, 28: 2901-2910.

[68] Wu Z, Mi Z, Bhattacharya P. Enhanced Spontaneous Emission at 1.55μm from Colloidal PbSe Quantum Dots in a Si Photonic Crystal Microcavity [J]. Appl Phys Lett, 2007, 90: 171105-171107.

[69] Bahrampour A R, Rooholamini H, Rahimi L, et al. An Inhomogeneous Theoretical Model for Analysis of PbSe Quantum-Dot-Doped Fiber Amplifier [J]. Opt Commun, 2009, 282: 4449-4454.

[70] Watekar P R, Ju S, Lin A, et al. Linear and Nonlinear Optical Properties of the PbSe Quantum Dots Doped Germano-Silica Glass Optical Fiber [J]. J Non-Cryst. Solids, 2010, 356: 2384-2388.

[71] Hreibi A, Gerome F, Auguste J, et al. Semiconductor-Doped Liquid-Core Optical Fiber [J]. Opt Lett, 2011, 36: 1695-1697.

[72] Cheng C, Zhang H. Characteristics of Bandwidth, Gain and Noise of a PbSe Quantum Dot-Doped Fiber Amplifier [J]. Opt Commun, 2007, 277: 372-378.

[73] Cheng C, Bo J F, Yan J H, et al. Experimental Realization of a PbSe-Quantum-Dot Doped Fiber Laser [J]. IEEE PHOTONIC TECH L, 2013, 25 (6): 572-575.

[74] 程成, 薄建凤, 严金华. PbSe 纳米晶体量子点单/多模光纤激光的实验实现 [J]. 光学学报, 2013, 33 (9): 0914001-7.

［75］ Wu H, Zhang Y, Lu M, et al. Reduced reabsorption and enhanced propagation inducedby large Stokes shift in quantum dot-filled optical fiber ［J］. J Nanopart Res, 2016, 18, 206.

［76］ Zhang Z, Wang Y, Jiang Y, et al. Colloidal PbSe quantum dot-filled liquid-core optical fiber for temperature sensing ［J］. Materials Research Express, 2019, 6: 7.

［77］ Cheng C, Zhang H. A Semiconductor Nanocrystal PbSe Quantum Dot Fiber Amplifier ［J］. Chin Phys Soc, 2006, 55: 4139-4144.

［78］ Cheng C. A Multiquantum-Dot-Doped Fiber Amplifier with Characteristics of Broadband, Flat Gain, and Low Noise ［J］. J LIGHTWAVE TECHNOLOGY, 2008, 26: 1404-1410.

［79］ Su L, Zhang X, Zhang Y, et al. Recent progress in quantum dot based white light-emitting devices ［J］. Top Curr Chem (2) 2016, 374, 42. http: //doi. org/10. 1007/S41061-016-0041-3.

［80］ Wang P, Zhang Y, Ruan C, et al. A few key technologies of quantum dot light-emitting diodes for display ［J］. IEEE Journal of Selected Topics in Quantum Electronics, 2017, 23 (5): 1-12.

［81］ Zhang X, Zhang Y, Yan L, et al. PbSe nanocrystal solar cells using bandgap engineering ［J］. RSC Advances, 2015, 5: 65569-65574.

［82］ Liu Y, Tang X, Deng M, et al. Nitrogen doped graphene quantum dots as a fluorescent probe for mercury (II) ions ［J］. Microchimica Acta, 2019, 186: 140.

［83］ Liu Y, Tang X, Zhu T, et al. All-inorganic CsPbBr$_3$ perovskite quantum dots as a photoluminescent probe for ultrasensitive Cu^{2+} detection ［J］. Journal of Materials Chemistry C, 2018, 6: 4793-4799.

［84］ Wang P, Zhang Y, Su L, et al. Photoelectrochemical properties of CdS/CdSe sensitized TiO$_2$ nanocable arrays ［J］. Electrochimica Acta, 2015, 165: 110-115.

［85］ Zhang Y, Dai Q, Li X, et al. PbSe/CdSe and PbSe/CdSe/ZnSe hierarchical nanocrystals and their photoluminescence ［J］. Journal of Nanoparticle Research, 2011, 13: 3721-3729.

［86］ Dai Q, Zhang Y, Wang Y, et al. Ligand effects on synthesis and post-synthetic stability of PbSe nanocrystals ［J］. The Journal of Physical Chemistry C, 2010, 114: 16160-16167.

［87］ Zhang Y, Dai Q, Li X, et al. PbSe/CdSe and PbSe/CdSe/ZnSe hierarchical nanocrystals and their photoluminescence ［J］. Langmuir, 2011, 27: 9583-9587.

［88］ Ahn J T, Kim K H. All-optical gain-clamped erbium-doped fiber amplifier with improved noise figure and freedom from relaxation oscillation ［J］. IEEE Photon Technol Lett, 2004, 16 (1): 84-86.

［89］ Springholz G, Schwarzl T, Heiss W, et al. Midinfrared surface-emitting PbSe/PbEuTe quantum-dot lasers [J]. Applied Physics Letters, 2001, 79: 1225-1227.

[90] Sahin D, Ilan B, Kelley D F. Monte-Carlo simulations of light propagation in luminescent solar concentrators based on semiconductor nanoparticles [J]. Journal of Applied Physics, 2011, 110: 033108.

[91] Meinardi F, Colombo A, Velizhanin K A, et al. Large-area luminescent solar concentrators based on 'Stokes-shift-engineered' nanocrystals in a mass-polymerized PMMA matrix [J]. Nature Photonics, 2014, 8: 392.

[92] Ji C, Zhang Y, Zhang T, et al. Temperature-dependent photoluminescence of Ag_2Se quantum dots [J]. The Journal of Physical Chemistry C, 2015, 119: 13841-13846.

[93] Gu P, Zhang Y, Feng Y, et al. Real-time and on-chip surface temperature sensing of GaN LED chips using PbSe quantum dots [J]. Nanoscale, 2013, 5: 10481-10486.

[94] Watekar P R, Yang H, Ju S, et al. Enhanced Current Sensitivity in the Optical Fiber Doped with CdSe Quantum Dots [J]. OPTICS EXPRESS, 2009, 17: 3157-3164.

[95] Jorge P A S, Mayeh M, Benrashid R, et al. Quantum Dots as Self-Referenced Optical Fibre Temperature Probes for Luminescent Chemical Sensors [J]. Meas Sci Technol, 2006, 17: 1032-1038.

[96] 郭玉彬. 光纤通信技术 [M]. 西安: 西安电子科技大学出版社, 2008.

[97] Scholes G D, Rumbles G. Excitons in Nanoscale Systems [J]. Nature Materials, 2006, 5: 683-696.

[98] Peng X. An Essay on Synthetic Chemistry of Colloidal Nanocrystals [J]. Nano Res, 2009, 2: 425-447.

[99] Pellegrini G, Mattei G, Mazzoldi P. Finite Depth Square Well Model: Applicability and Limitations [J]. J Appl Phys, 2005, 97: 073706-8.

[100] Nanda K K, Kruis F E, Fissan H. Energy Levels in Embedded Semiconductor Nanoparticles and Nanowires [J]. Nano Lett., 2001, 1: 605-611.

[101] Baskoutas S, Terzis A F. Size Dependent Exciton Energy of Various Technologically Important Colloidal Quantum Dots, Mater [J]. Sci Eng B, 2008, 147: 280-289.

[102] Nanda K K, Kruis F E, Fissan H. Effective Mass Approximation for Two Extreme Semiconductors: Band Gap of PbS and CuBr Nanoparticles [J]. J Appl Phys, 2004, 95: 5035-5041.

[103] Nasu H, Tanaka A, Kamada K, et al. Influence of Matrix on Third Order Optical Nonlinearity for Semiconductor Nanocrystals Embedded in Glass Thin Films Prepared by Rf-Sputtering [J]. J Non-Cryst Solids, 2005, 351: 893-899.

[104] Schmelz O, Mews A, Basche T, et al. Supramolecular Complexes from CdSe Nanocrystals

and Organic Fluorophors [J]. Langmuir, 2001, 17: 2861-2865.

[105] Striolo A, Ward J, Prausnitz J M, et al. Molecular Weight, Osmotic Second Virial Coeffi-cient, and Extinction Coefficient of Colloidal CdSe Nanocrystals [J]. J Phys Chem B, 2002, 106: 5500-5505.

[106] Leatherdale C A, Woo W K, Mikule F V, et al. On the Absorption Cross Section of CdSe Nanocrystal Quantum Dots [J]. J Phys Chem B, 2002, 106: 7619-7622.

[107] Rajh T, Micic O I, Nozik A. Synthesis and Characterization of Surface-Modified Colloidal Cadmium Telluride Quantum Dots [J]. J Phys Chem, 1993, 97: 11999-12003.

[108] Vossmeyer T, Katsikas L, Giersig M, et al. CdS Nanoclusters: Synthesis, Characteriza-tion, Size Dependent Oscillator Strength, Temperature Shift of the Excitonic Transition En-ergy, and Reversible Absorbance Shift [J]. J Phys Chem, 1994, 98: 7665-7673.

[109] Yu P R, Beard M C, Ellingson R J, et al. Absorption Cross-Section and Related Optical Properties of Colloidal InAs Quantum Dots [J]. J Phys Chem B, 2005, 109: 7084-7087.

[110] Cademartiri L, Montanari E, Calestani G, et al. Size-Dependent Extinction Coefficients of PbS Quantum Dots [J]. J Am Chem Soc, 2006, 128: 10337-10346.

[111] Senior T B A, Weil H. Electromagnetic Scattering and Absorption by Thin Walled Dielectric Cylinders with Application to Ice Crystals [J]. Applied Optics, 1977, 16: 2979-2985.

[112] Kong J A. Theory of Electromagnetic Wave [M]. New York: John Wiley and Sons, 1975: 185-195.

[113] Dobbins R A, Megaridis C M. Absorption and Scattering of Light by Polydisperse Aggregates [J]. Applied Optics, 1991, 30: 4747-4754.

[114] Priou A. Dielectric Properties of Heterogeneous Mixtures [M]. New York: Elsevier, 1991: 101-152.

[115] Dai Q, Wang Y, Li X, et al. Size-Dependent Composition and Molar Extinction Coefficient of PbSe Semiconductor Nanocrystals [J]. ACS Nano, 2009, 3: 1518-1524.

[116] 张伟刚. 光纤光学原理及应用 [M]. 北京: 清华大学出版社, 2012: 69-73.

[117] Murray C B, Sun S, Gaschler W, et al. Colloidal Synthesis of Nanocrystals and Nanocrystal Superlattices [J]. IBM J Res Dev, 2001, 45: 47-56.

[118] Wehrenberg B L, Wang C, Guyot-Sionnest P. Solvation Structure of Bromide Ion in Anion-Exchange Resins [J]. J Phys Chem B, 2002, 106: 10634-10640.

[119] Lifshitz E, Bashouti M, Kloper V, et al. Synthesis and Characterization of PbSe Quantum Wires, Multipods, Quantum Rods, and Cubes [J]. Nano Lett, 2003, 3: 857-862.

[120] Klabunde K J. Nanoseale Materials in Chemistry [M]. John Wiley & Sons, Inc., 2001.

[121] Steigerwald M L, Alivisatos A P, Gibson J M, et al. Surface Derivatization and Isolation of

Semiconductor Cluster Molecules ［J］. J Am Chem Soc, 1988, 110 (10)：3046-3050.

［122］ Meng L, Ying G, Qifan C, et al. Hydrothermal Synthesis of Highly Luminescent CdTe Quantum Dots by Adjusting Precursors' Concentration and their Conjunction with BSA as Biological Fluorescent Probes ［J］. Talanta, 2007, 72：89-94.

［123］ Wei Y, Wan L, Hong D, et al. Hydrothermal Synthesis for High-Quality CdTe Quantum Dots Cappedby Cysteamine ［J］. Mater Lett, 2008, 62：2564-2566.

［124］ Gaponik N, Talapin D V, Rogach A L, et al. Thiol-Capping of CdTe Nanocrystals：An Alternative to Organometallic Synthetic Routes ［J］. Journal of Physical Chemistry B, 2002, 106 (29)：7177-7185.

［125］ 李慧敏，CuInS$_2$/ZnS 量子点的合成及在白光 LED 中的研究 ［D］. 开封：河南大学材料学，2018.

［126］ Peng X, Wickham J, Alivisatos A P. Kinetics of Ⅱ-Ⅵ and Ⅲ-Ⅴ Colloidal Semiconductor Nanocrystal Growth："Focusing" of Size Distributions ［J］. J Am Chem Soc, 1998, 120：5343-5344.

［127］ Battaglia D, Peng X. Formation of High Quality InP and InAs Nanocrystals in a Noncoordinating Solven ［J］. Nano Lett, 2002, 2：1027-1030.

［128］ Li J J, Wang Y A, Guo W, et al. Large-Scale Synthesis of Nearly Monodisperse CdSe/CdS Core/Shell Nanocrystals Using Air-Stable Reagents via Successive Ion Layer Adsorption and Reaction ［J］. J Am Chem Soc, 2003, 125：12567-12575.

［129］ Battaglia D, Li J J, Wang Y, et al. Colloidal Two-Dimensional Systems：CdSe Quantum Shells and Wells ［J］. Angew Chem Int Ed, 2003, 42：5035-5039.

［130］ Yu W W, Peng X. Formation of High-Quality CdS and Other Ⅱ-Ⅵ Semiconductor Nanocrystals in Noncoordinating Solvents：Tunable Reactivity of Monomers ［J］. Angew Chem Int Ed, 2002, 41：2368-2371.

［131］ Yu W W, Falkner J C, Shih B S, et al. Preparation and Characterization of Monodisperse PbSe Nanocrystals in A Non-coordinating Solvent ［J］. Chem Mater, 2004, 16：3318-3322.

［132］ Stouwdam J W, Shan J, van Veggel F C J M. Photostability of Colloidal PbSe and PbSe/PbS Core/Shell Nanocrystals in Solution and in the Solid State ［J］. J Phys Chem C, 2007, 111：1086-1092.

［133］ Leitsmann R, Bechstedt F. Characteristic Energies and Shifts in Optical Spectra of Colloidal Ⅳ-Ⅵ Semiconductor Nanocrystals ［J］. ACS Nano, 2009, 3：3505-3512.

［134］ Lifshitz E, Brumer M, Kigel A, et al. Air-Stable PbSe/PbS and PbSe/PbSexS1-x Core-Shell Nanocrystal Quantum Dots and Their Applications ［J］. J Phys Chem B, 2006, 110：

25356-25362.

[135] An J M, Franceschetti A, Zunger A. The Excitonic Exchange Splitting and Radiative Lifetime in PbSe Quantum Dots [J]. Nano Lett, 2007, 7: 2129-2135.

[136] Franceschetti A. Structural and Electronic Properties of PbSe Nanocrystals from First Principles [J]. Phys Rev B, 2008, 78: 075418/1-6.

[137] Ramos L E, Weissker H C, Furthmuller J, et al. Optical Properties of Si and Ge Nanocrystals: Parameter-Free Calculations [J]. Phys Status Solid B, 2005, 15: 3053-3059.

[138] Franceschetti A, Pantelides S T. Excited-State Relaxations and Franck Condon Shift in Si Quantum Dots [J]. Phys Rev B, 2003, 68: 033313/1-4.

[139] Puzder A, Williamson A J, Grossman J C, et al. Computational Studies of the Optical Emission of Silicon Nanocrystals [J]. J Am Chem Soc, 2003, 125: 2786-2791.

[140] Degoli E, Cantele G, Luppi E, et al. Ab Initio Structural and Electronic Properties of Hydrogenated Silicon Nanoclusters in the Ground and Excited State [J]. Phys Rev B, 2004, 69: 155411/1-10.

[141] Iori F, Degoli E, Magri R, et al. Engineering Silicon Nanocrystals: Theoretical Study of the Effect of Codoping with Boron and Phosphorus [J]. Phys Rev B, 2007, 76: 085302/1-14.

[142] Crosby G A, Demas J N. Measurement of Photoluminescence Quantum Yields [J]. J Phys Chem, 1971, 75: 991-1024.

[143] Harbold J M, Du H, Krauss T D, et al. Time-Resolved Intraband Relaxation of Strongly Confined Electrons and Holes in Colloidal PbSe nanocrystals [J]. Phys Rev B, 2005, 72: 195312/1-6.

[144] Shabaev A, Efros A I L, Nozik A J. Multiexciton Generation by a Single Photon in Nanocrystals [J]. Nano Lett, 2006, 6: 2856-2863.

[145] Liljeroth P, Van Emmichoven P A Z, Hickey S G, et al. Density of States Measured by Scanning-Tunneling Spectroscopy Shed New Light on the Optical Transitions in PbSe Nanocrystal [J]. Phys Rev Lett, 2005, 95: 086801/1-4.

[146] Klimov V I. Mechanisms for Photogeneration and Recombination of Multiexcitons in Semiconductor Nanocrystals: Implications for Lasing and Solar Energy Conversion [J]. J Phys Chem B, 2006, 110: 16827-16845.

[147] Yoichi K, Naoto T. Size-Dependent Multiexciton Spectroscopy and Moderate Temperature Dependence of Biexciton Auger Recombination in Colloidal CdTe Quantum Dots [J]. J Phys Chem C, 2010, 114: 17550-17556.

[148] Randy J Ellingson, Matthew C Beard, Justin C Johnson, et al. Highly Efficient Multiple

Exciton Generation in Colloidal PbSe and PbS Quantum Dots [J]. Nano Lett, 2005, 5 (5): 865-871.

[149] Htoon H, Hollingsworth J A, Dickerson R, et al. Effect of Zero-to One-Dimensional Transformation on Multiparticle Auger Recombinationin Semiconductor Quantum Rods [J]. Phys Rev Lett, 2003, 91: 227401/1-4.

[150] Klimov V I, Mikhailovsky A A, McBranch D W, et al. Quantization of Multiparticle Auger Rates in Semiconductor Quantum Dots [J]. Science, 2000, 287: 1011-1013.

[151] Wehrenberg B L, Wang C, Sionnest P G. Interband and Intraband Optical Studies of PbSe Colloidal Quantum Dots [J]. J Phys Chem B, 2002, 106: 10634-10640.

[152] McCumber D E. Theory of Phonon-Terminated Optical Masers [J]. Phys Rev, 1964, 134: A299-306.

[153] Nathaniel J L K Davis, Marcus L Böhm, Maxim Tabachnyk, et al. Multiple-exciton generation in lead selenide nano rod solar cells with external quantum efficiencies exceeding 120% [J]. Nat Commun, 2015, 9259: 1-7.

[154] Böhm M L, Jellicoe T C, Tabachnyk M, et al. Lead telluride quantum dot solar cells displaying external quantum efficiencies exceeding 120% [J]. Nano Lett, 2015, 15: 7987-7993.

[155] Klimov V I, Mikhailovsky A A, Xu S, et al. Optical Gain and Stimulated Emission in Nanocrystal Quantum Dots [J]. Science, 2000, 290: 314-317.

[156] Yu W W, Falkner J C, Shih B S, et al. Preparation and Characterization of Monodisperse PbSe Semiconductor Nanocrystals in a Noncoordinating Solvent [J]. Chem Mater, 2004, 16: 3318-3322.

[157] Keffer C, Hayes T M, Bienenstock A. Debye-Waller Factor and the PbTe Band-Gap Temperature Dependence [J]. Phys Rev B, 1970, 2: 1966-1976.

[158] O'Donnell K P, Chen X. Temperature Dependence of Semiconductor Band Gaps [J]. Appl Phys Lett, 1991, 58: 2924-2926.

[159] Ravindra N M, Ganapathy P, Choi J. Energy Gap-Refractive Index Relations in Semiconductors -An Overview [J]. Infrared Physics & Technology, 2007, 50: 21-29.

[160] Bardeen J, Shockley W. Deformation Potentials and Mobilities in Non-Polar Crystals [J]. Phys Rev, 1950, 80: 72-80.

[161] Fan H Y. Temperature Dependence of the Energy Gap in Semiconductors [J]. Phys Rev, 1951, 82: 900-905.

[162] Nomura S, Kobayashi T. Excition-LA and TA-Phonon Couplings in Spherical Semiconductor Microcrystallites [J]. Phys Rev B, 1992, 45: 1305-1316.

[163] Bao H, Habenicht B F, Prezhdo O V, et al. Temperature Dependence of Hot-Carrier Relaxation in PbSe Nanocrystals: An Ab Initio Study [J]. Phys Rev B, 2009, 79: 235306/1-7.

[164] Olkhovets A, Hsu R C, Lipovskii A, et al. Size-Dependent Temperature Variation of the Energy Gap in Lead-Salt Quantum Dots [J]. Phys Rev Lett, 1998, 81: 3539-3542.

[165] Liptay T J, Ram R J. Temperature Dependence of the Exciton Transition in Semiconductor Quantum Dots [J]. Appl Phys Lett, 2006, 89: 223132/1-3.

[166] Sanguinetti S, Poliani E, Bonfanti M, et al. Electron -Phonon Interaction in Individual Strain-Free GaAs/Al0. 3 Ga0. 7 as Quantum Dots [J]. Phys Rev B, 2002, 73: 125342/1-7.

[167] Liu Y, Zhai W W, Gu P F, et al. The Exciton and Phonon Coupling in Temperature-Dependent Photoluminescence of Colloidal PbSe Nanocrystals [J]. Optik, 2013, 124: 3059-3062.

[168] Dai Q, Zhang Y, Wang Y, et al. Size-Dependent Temperature Effects on PbSe Nanocrystals [J]. Langmuir, 2010, 26 (13): 11435-11440.

[169] Morello G, Giorgi M D, Kudera S, et al. Temperature and Size Dependence of Nonradiative Relaxation and Exciton-Phonon Coupling in Colloidal CdTe Quantum Dots [J]. J Phys Chem C, 2007, 111 (16): 5846-5849.

[170] Wu H, Zhang Y, Yan L, et al. Temperature Effect on Colloidal PbSe Quantum Dot-Filled Liquid-Core Optical Fiber [J]. Optical Materials Express, 2014, 4 (9): 1856-1865.

[171] Zhang Y, Dai Q, Li X, et al. Formation of PbSe/CdSe core/shell nanocrystals for stable near-infrared high photoluminescence emission [J]. Nanoscale Res Lett, 2010, 5 (8): 1279-1283.

[172] Pietryga J M, Werder D J, Williams D J, et al. Utilizing the lability of lead selenide to produce heterostructured nanocrystals with bright, stable infrared emission [J]. J Am Chem Soc, 2008, 130 (14): 4879-4885.

[173] Grodzińska D, Evers W H, Dorland R, et al. Two-fold emission from the S-shell of PbSe/CdSe core/shell quantum dots [J]. Small, 2011, 7 (24): 3493-3501.

[174] Zhang L, Zhang Y, Kershaw S V, et al. Colloidal PbSe quantum dot-solution-filled liquid-core optical fiber for 1. 55μm telecommunication wavelengths [J]. Nanotechnology, 2014, 25 (10): 105704.

[175] Wu H, Zhang Y, Yan L, et al. Temperature effect on colloidal PbSe quantum dot-filled liquid-core optical fiber [J]. Opt Mater Express, 2014, 4 (9): 1856-1865.

[176] Klimov V I. Mechanisms for photo generation and recombination of multiexcitons in semicon-

ductor nanocrystals: implications for lasing and solar energy conversion [J]. J Phys Chem B, 2006, 110 (34): 16827-16845.

[177] Zhang L, Zhao L, Zheng Y. Enhanced emission from a PbSe/CdSe core/shell quantum dot-doped optical fiber [J]. Opt Mater Express, 2018, 8 (11): 3551-3560.

[178] Zhang L, Sun M, Li C, et al. Effect of pump parameters on the emission of PbSe quantum dot-doped optical fiber considering Auger recombination [J]. J Nanophotonics, 2018, 12 (2): 026010.

[179] Li L, Pandey A, Werder D J, et al. Efficient synthesis of highly luminescent copper indium sulfide-cased core/shell nanocrystals with surprisingly long-lived emission [J]. J Am Chem Soc, 2011, 133: 1176-1179.

[180] Chen B, Zhong H, Zhang W, et al. Highly emissive and color-tunable $CuInS_2$-based colloidal semiconductor nanocrystals: off-stoichiometry effects and improved electro luminescence performance [J]. Adv Funct Mater, 2014, 22: 2081-2088.

[181] Kraatz I T, Booth M, Whitaker B J, et al. Sub-bandgap emission and intraband defect-related excited-state dynam-ics in colloidal $CuInS_2$/ZnS quantum dots revealed by femtosecond pump-dump-probe spectroscopy [J]. J Phys Chem C, 2014, 118: 24102-24109.

[182] Liu W, Zhang Y, Zhai W, et al. Temperature-dependent photoluminescence of ZnCuInS/ZnSe/ZnS quantum dots [J]. J Phys Chem C, 2013, 117: 19288-19294.

[183] Berends A C, Rabouw F T, Spoor F C M, et al. Radiative and nonradiative recombination in $CuInS_2$ nanocrystals and $CuInS_2$-based core/shell nanocrystals [J]. J Phys Chem Lett, 2016, 7: 3503-3509.

[184] Nose K, Fujita N, Omata T, et al. Photoluminescence of $CuInS_2$-based semiconductor quantum dots: its origin and the effect of ZnS coatin [J]. J Phys Conf Ser, 2009, 165: 012028.

[185] Li L, Daou T J, Texier I, et al. Highly luminescent $CuInS_2$/ZnS core/shell nanocrystals: cadmium-free quantum dots for in vivo imaging [J]. Chem Mater, 2009, 21: 2422-2429.

[186] Berends A C, Mangnus M J J, Xia C, et al. Optoelectronic properties of ternary Ⅰ-Ⅲ-Ⅵ 2 semiconductor nanocrystals: bright prospects with elusive origins [J]. J Phys Chem Lett, 2019, 10: 1600-1616.

[187] Song W S, Yang H. Fabrication of white Light-Emitting Diodes Based on Soluothermally Synthesized Copper Indium Sulfide Quantum Dots as Color Converters [J]. Applied Physics Letters, 2012, 100 (18), 183104.

[188] Chuang P H, Lin C C, Liu R S. Emission-Tunable $CuInS_2$/ZnS Quantum Dots: Structure, Optical Properties, and Application in White Light-Emitting Diodes with High Color Ren-

dering Index [J]. ACS Applied Materials & Interfaces, 2014, 6 (17): 15379-15387.

[189] Park S H, Hong A, Kim J H, et al. Highly Bright Yellow-Green-Emitting Cu In S2 Colloidal Quantum Dots with Core/Shell/Shell Architecture for White Light-Emitting Diodes [J]. ACS Applied Materials & Interfaces, 2015, 7 (12): 6764-6771.

[190] 岳文瑾. CuInS$_2$ 量子点的制备及其聚合物太阳电池性能的研究 [D]. 合肥: 中国科学技术大学, 2012.

[191] Czekelius C, Hilgendorf M, Spanhel J, et al. A Simple Colloidal Route Nanocrystalline ZnO/CuInS$_2$ Bilayers [J]. Adv Mater, 1999, 11: 643-646.

[192] Panthani M G, Akhavan V, Goodfellow B, et al. A Synthesis of CuInS$_2$, CuInSe$_2$, and Cu(In$_x$Ga$_{1-x}$)Se$_2$(CIGS) Nanocrystal "Inks" for Pritable Photovoltaics [J]. J Am Chem Soc, 2008, 130: 16770-16777.

[193] Li L, Coates N, Moses D. Solution-processed inorganic solar cell based on in situ synthesis and film deposition of CuInSZ nanocrystals [J]. J Am Chem Soc, 2009, 132: 22-23.

[194] Kuo K T, Liu D M, Chen S Y, et al. Core-shell CuInS$_2$/ZnS quantum dots assembled on short ZnO nanowires with enhanced photo-conversion efficiency [J]. J Mater Chem, 2009, 19: 6780-6788.

[195] Arici E, Sariciftci N S, Meissner D. Hybrid Solar Cells Based on Nanoparticles of CuInS$_2$ in Organic Matrices [J]. Adv Funct Mater, 2003, 13: 165-171.

[196] Piber M, Rath T, Grieber T, et al. Hybrid solar cells based on CuInS$_2$ and MEH-PPV [C]//2006 IEEE 4th World Conference on Photovoltaic Energy Conversion 2006, 1: 247-248.

[197] Nam M, Lee S, Park J, et al. Development of Hybrid Photovoltaic Cells by Incorporating CuInS$_2$ Quantum Dots into Organic Photoactive Layers [J]. Jpn J Appl Phys, 2011, 50: 06GF02.

[198] Rice W D, McDaniel H, Klimov V I, et al. Magneto-optical properties of CuInS$_2$ nanocrystals [J]. J Phys Chem Lett, 2014, 5: 4105-4109.

[199] Knowles K E, Hartstein K H, Kilburn T B, et al. Luminescent colloidal semiconductor nanocrystals containing copper: synthesis, photophysics, and applications [J]. Chem Rev, 2016, 116: 10820-10851.

[200] Booth M, Brown A P, Evans S D, et al. Determining the concentration of CuInS$_2$ quantum dots from the size-dependent molar extinction coefficient [J]. Chem Mater, 2012, 24: 2064-2070.

[201] Xia C, Wu W, Yu T, et al. Size-dependent band-gap and molar absorption coefficients of

colloidal CuInS$_2$ quantum dot [J]. ACS Nano, 2018, 12 (8): 8350-8361.

[202] Zhong H, Zhou Y, Ye M, et al. Controlled synthesis and optical properties of colloidal ternary chalcogenide CuInS$_2$ nanocrystals [J]. Chem Mater, 2008, 20: 6434-6443.

[203] Zhang L, Zhang B, Ning L, et al. Comprehensive size effect on PbSe quantum dot-doped liquid-core optical fiber [J]. Opt Commun, 2017, 383: 371-377.

[204] Zhang L, Du J, Zhang J, et al. Enhanced emission, propagation, and spectral stability in CuInS$_2$/ZnS core/shell quantum dot-doped optical fiber [J]. Journal of Nanophotonics, 2019, 13 (4): 046003.